高等职业教育经济与管理类专业系列教材

运筹学基础

（第二版）

主　编　王晓丽　闫洪林
副主编　丁　尚　张　婉　郭海涛

U0361392

微信扫码　申请资源

南京大学出版社

内容简介

本书是由一线授课教师共同参与编写的运筹学教材,在教材的编写上,更加注重运筹学知识的实用性,每一部分都是理论知识加实际应用的组合。编者希望通过本教材的学习,读者可以在掌握运筹学基本理论知识的基础上,具备应用运筹学知识解决实际问题的能力。

主要内容包括:绪论、线性规划、整数规划、图与网络分析、运输问题、网络计划技术、动态规划、存储论、排队论。其中每一个项目都包括问题的提出、问题的求解方法、问题的软件求解、应用案例分析、应用案例练习和实验实训。

本书可作为高等专科院校物流管理、物流工程、交通运输等专业的教学用书,也可以作为从事相关行业的企业工作人员的参考用书。

图书在版编目(CIP)数据

运筹学基础 / 王晓丽,闫洪林主编. — 2 版. — 南京:南京大学出版社,2019.5(2021.1 重印)
ISBN 978 - 7 - 305 - 22189 - 7

Ⅰ. ①运… Ⅱ. ①王… ②闫… Ⅲ. ①运筹学—教材
Ⅳ. ①O22

中国版本图书馆 CIP 数据核字(2019)第 088064 号

出版发行　南京大学出版社
社　　址　南京市汉口路 22 号　　　　邮　编　210093
出 版 人　金鑫荣

书　　名　**运筹学基础(第二版)**
主　　编　王晓丽　闫洪林
责任编辑　武　坦　　　　　　编辑热线　025 - 83592315

照　　排　南京南琳图文制作有限公司
印　　刷　南京理工大学资产经营有限公司
开　　本　787×1092 1/16　印张 12.75　字数 310 千
版　　次　2019 年 5 月第 2 版　2021 年 1 月第 2 次印刷
ISBN 978 - 7 - 305 - 22189 - 7
定　　价　37.00 元

网址:http://www.njupco.com
官方微博:http://weibo.com/njupco
微信服务号:njuyuexue
销售咨询热线:(025) 83594756

前　言

　　为了保持我国经济的中高速增长，我们不但要学习和掌握先进的科学技术，还要学习和掌握科学的管理方法。在经济建设和企业管理中，如果计划和管理不当，也会给社会和企业带来时间、资源和资金等方面的巨大浪费，因此，为了促进经济的中高速增长，实现社会和企业的可持续发展，我们有必要培养学生的运筹管理能力，使现在的学生即将来的企业员工具备应用运筹学知识解决实际问题的能力，能够通过定量的分析和计算，对资源运用、时间进度的安排及相关决策等问题作出综合最优的合理安排，以使有限的资源发挥更大的效益。

　　本书的主要内容包括绪论、线性规划、整数规划、图与网络分析、运输问题、网络计划技术、动态规划、存储论和排队论。作为高职高专教材，本书的编写以"实用为主、必需、好用和管用为度"为基本原则，以"为后续专业课程提供理论基础"为目标，根据专业特点，确定教材编写大纲；用"以例释理"的方法，坚持理论联系实际的原则，将抽象难懂的运筹学问题和方法融入实际的案例，让学生真正掌握相关理论知识，真正具备用运筹学理论解决实际问题的能力；本书还包含了丰富、全面的应用练习题和实验实训作业，能更加全面直观地考查学生对知识的掌握程度。

　　本书由河南交通职业技术学院王晓丽和闫洪林担任策划和主编，河南交通职业技术学院和南通航运职业技术学院负责运筹学教学的一线教师共同编写。具体分工如下：闫洪林编写项目一和项目七，河南交通职业技术学院张婉编写项目二和项目三，王晓丽和南通航运职业技术学院郭海涛编写项目四和项目六，郭海涛编写项目五，河南交通职业技术学院丁尚编写项目八和项目九，最后由王晓丽统稿。

　　本书的编写参阅了国内外有关的运筹学的论著和资料，无论在参考文献中是否列出，在此，对这些文献的作者表示由衷的感谢。本书的编写是在较短时间内完成的，由于水平有限、编写时间紧迫，书中不妥之处在所难免，恳请专家和读者给予批评指正。

编　者

2019 年 4 月

目　录

项目一　运筹学概述

1.1　运筹学的产生与发展

任何一门学科或理论都是为解决一些客观实际问题而出现并得以发展的,为了更好地理解和掌握今天的运筹学,有必要先了解一下运筹学发展的历史。虽然一定的运筹学思想和方法在很久以前已留下了被应用的痕迹,历代先驱所做的一些工作今天看来也具有一定的运筹学性质,但这些零散的活动还不足以标志作为系统知识体系的一门新学科的诞生。运筹学的产生很难有一个明确的时间界定,目前国际上公认的观点是运筹学产生于第二次世界大战前后。1937年,英国部分科学家被邀请去帮助皇家空军研究雷达的部署和运作问题,目的在于最大限度地发挥有限雷达的效用,以应对德军的空袭。1938年,波德塞(Bawdsey)雷达站的负责人罗伊(A. B. Rowe)提出了优化防空作战系统运行的问题,并用"operational research"一词作为对这一方面研究的描述,这就是直至今日我们仍然将运筹学称为"O. R."的历史由来。1939年,从事此方面问题研究的科学家被召集到英国皇家空军指挥总部,成立了一个由布莱开特(P. M. S. Blacket)领导的军事科技攻关小组;由于其成员学科性质的多样性,这一最早成立的军事科技攻关小组被戏称为"布莱开特马戏团"。由于"布莱开特马戏团"的活动是第一次有组织的、系统的运筹学活动,所以后人将该小组的成立作为运筹学产生的标志。此后,O. R.小组的活动范围不断扩大,从最初仅限于空军,逐步扩展到海军和陆军;研究内容也从对军事战术性问题的研究,逐步扩展到对军事战略性问题的研究。由于科学家的天赋、战争的需要以及不同学科的交互作用,这一军事科技攻关小组在提高军事运筹水平方面取得了惊人的成就,这使得运筹学在整个军事领域迅速传播,到1941年,英国皇家陆、海、空三军都成立了这样的科学小组。比较典型的论题包括雷达布置策略、反空袭系统控制、海军舰队的编制和对敌潜艇的探测等,O. R.小组的巨大成就所显示出的神奇力量,促使其他盟军也纷纷效仿,建立了自己的研究小组。以美国为代表的一些英语国家称这类研究小组的工作为"operations research"。

二战后,许多从事运筹小组活动的科学家将其精力转向对早期仓促建立起来的运筹优化技术进行加工整理,探索应用运筹学思想和方法解决社会经济问题的可能性。首先接纳运筹学的非军事组织是一些效益较好的大公司,如石油公司和汽车公司。"大商业"引领运筹学应用的新潮流是很自然的事,因为虽然当时运筹学可以为任何一个经济组织提供获得竞争优势的方案,但由于运筹学还处于起步的基础研究时期,只有大公司才能承担起运筹学研究的巨大费用。后来,随着运筹学思想和方法的积累与程序化,不用太大的投入就能受益,运筹学才得到了广泛的应用。计算机的普及与发展是推动运筹学迅速发展的巨大动力,没有现代计算机技术,求解复杂的运筹学模型是不可设想的,也是不实际的;运筹学实践反过来又促进了计算机技术的发展,它不断地对计算机提出更大内存、更快运行速度的要求。可以说,运筹学在过去的半个多世纪里,既得益于计算机技术的应用与发展,同时也极大地促进了计算机技术的发展。

20世纪50年代,运筹学理论、方法及其活动发展到了一个新的水平,运筹学开始成为一门独立的学科,其标志是大量运筹学学会的创建和相应期刊的问世。继1948年英国创立运筹学学会之后,美国运筹学学会于1952年成立,它的宗旨是满足运筹学研究领域的科学家相互交流的需要,以促进O.R.理论与实践的发展。1953年,美国又成立了管理科学研究所。美国运筹学学会和管理科学研究所两个组织所创办的刊物《运筹学》和《管理科学》将许多零散的研究成果系统化,为构建运筹学新学科的知识体系作出了突出的贡献。在1956年至1959年短短的几年里,先后就有法国、印度、日本等十几个国家成立了运筹学学会,并有6种运筹学期刊问世。1957年,在英国牛津大学召开了第一届运筹学国际会议,1959年,成立了国际运筹学学会(International Federation of Operations Research Societies,IFORS)。截至1986年,国际上已有38个国家和地区成立了运筹学学会或类似的组织。

20世纪60年代以来,运筹学得到了迅速的普及和发展。运筹学细分为许多分支,许多高等院校把运筹学的规划理论引入教学课程,把规划理论以外的内容引入硕士、博士研究生的教学课程。运筹学的学科划分没有统一的标准,在工科学院、商学院、经济学院和数理学院的教学中都可以发现它的存在。

1.2 我国古代运筹学应用案例

运筹学作为科学概念是在20世纪中期提出来的,而运筹学思想可以追溯到很久以前。我国蜀汉时期即有所谓"夫运筹帷幄之中,决胜千里之外"的说法,充分体现了我国古代人民对于运筹学的分支"预测和规划论"的重视。秦始皇派蒙恬大军抗击匈奴时,从山东每调运192石粮草只有1石能到达在沙漠中与匈奴作战的将士手中;而清朝乾隆平息噶尔丹叛乱时,从江南每调运12石粮草就有1石粮草能到达在大漠中与噶尔丹叛军作战的将士手中,这与运筹实践水平的提高是分不开的。

我国古代的能人志士有许多采用运筹学思想指导实践的案例,至今对我们仍有很好的借鉴作用。

1.2.1 丁谓修宫,一举而三役济

宋真宗大中祥符年间,宫内失火,烧毁了大片宫殿、楼阁、凉亭和台榭。宋真宗任命晋国公丁谓负责修复这些建筑。该建筑工程需要解决三个难题:一是取土困难,因为要到郊区去取土,路途太远;二是与此相关的运输问题难以解决,包括运土和运输大量其他建筑材料;三是大量建筑垃圾的处理。丁谓运筹规划,终于制定了绝妙的施工方案。首先下令"凿通衢取土",用以解决施工用土问题;然后引汴水入新挖的大沟,"引诸道竹木筏排及船运杂材,尽自堑中入至宫门",从而解决了大批木材、石料的运输问题;最后待建筑运输任务完成之后,再排除堑水,把工地所有垃圾倒入沟内,重新填为平地。该方案的三个过程为:挖沟并取土—

引水入沟并运输—填沟并处理垃圾。此方案"一举而三役济""省费以亿万计",大大缩短了工期。丁谓所设计的方案,其思想与如今运筹学中的统筹方法一致。

1.2.2 田忌赛马

战国初期,齐国的君主要求田忌和他赛马,规定各人从自己的上马(即头等马)、中马、下马中各选一匹马来比赛,并且说好每输一匹马就得支付一千两银子给获胜者。当时齐王的马比田忌的马强,结果每年田忌都要输掉三千两银子。孙膑给田忌出主意:上马虽不及齐王的上马,但却强于齐王的中马,因此用上马与齐王的中马比赛,同理用中马与齐王的下马比赛,而用下马与齐王的上马比赛。结果田忌反而赢得了一千两银子。田忌所用的策略就是如今运筹学中对策论的策略。

上述案例说明,从古代开始,我国就已经拥有了朴素的运筹学思想。

1.3 我国现代对运筹学的认识和应用

运筹学概念起源于欧美,在学科研究方面,欧美的水平也明显领先于我国。但我国的科学工作者们并不气馁,他们用自己的聪明才智和努力工作使运筹学的思想得以在全国普及,并指导人们的实践。1955年,运筹学的思想开始为我国科学工作者所认识,1956年中国科学院力学研究所建立了我国第一个运筹学研究组。20世纪60年代,华罗庚教授亲自指导青年科技工作者在全国推广运筹学方法。华罗庚的"优选法"和"统筹方法"被各部门采用,取得了很好的效果。杨纪珂教授亲自带领学生深入厂矿企业,推广应用"质量控制"技术,也取得了很好的效果,受到各界的好评。更重要的是,他们还为管理人员编写了通俗易懂的普及性读物,让更多的人学习和运用运筹学方法,使得运筹学的思想得以普及。

改革开放以来,运筹学的应用更为普遍,特别是在流通领域中。例如,运用线性规划进行全国范围的粮食、钢材,广东水泥的合理调运等:许多企业在作业调配、工序安排、场地选择时,创造性地使用了简单易行的"图上作业法"和"表上作业法"等运筹学方法,取得了显著的效果。

1.4 运筹学的主要研究方向

运筹学(operation research)也称为作业研究,是运用系统化的方法,通过建立数学模型及其测试,协助达成最佳决策的一门学科。它主要研究经济活动和军事活动中能用数量来表达的有关运用、筹划与管理等方面的问题。它根据问题的要求,通过数学的分析与运算,做出综合性的合理安排,以达到更加经济、有效地配置人力、物力、财力等资源的目的。

运筹学的主要分支有规划论、图论、网络分析、存储论、对策论和预测技术等,它们在管理学科中得到了广泛的应用。

1.4.1 规划论(programming theory)

在生产和经营管理工作中,经常要研究计划管理工作中有关安排和估计的问题,特别是如何有效地利用有限的人力、财力和物力来取得最优的经济效果。这类问题一般可以归纳为在满足既定的要求下,按某一衡量指标来寻求最优方案的问题。这类问题其实就是规划问题。

如果问题的目标函数和约束条件的数学表达式都是线性的,则称为"线性规划"(linear programming)问题。"线性规划"问题只有一个目标函数,其建模相对简单,有通用的算法和计算机软件。用线性规划可以解决的典型问题有生产计划问题、混合配料问题、下料问题和运输问题等。

如果问题的目标函数和约束条件的数学表达式不都是线性的,则称为"非线性规划"(nonlinear programming)问题。非线性规划在很多工程问题的优化设计中具有重要作用,是优化设计的有力工具。

如果所考虑的规划问题可划分为几个阶段求解,则称为"动态规划"(dynamic programming)问题。动态规划问题也有目标函数和约束条件。该方法根据多阶段决策问题的特点,提出了多阶段决策问题的最优性原理,可以解决生产管理和工程技术等领域中的许多实际问题,如最优路径问题、资源分配问题、生产计划问题和库存问题等。

1.4.2 图论和网络分析(graph theory and network analysis)

图论是运筹学一个古老但又十分活跃的分支,它是网络技术的基础。图论的创始人是数学家欧拉。1736 年他发表了图论方面的第一篇论文,解决了著名的哥尼斯堡七桥难题。1847 年基尔霍夫第一次应用图论的原理分析电网,从而把图论引入工程技术领域。20 世纪 50 年代以来,图论的理论得到了进一步发展,用图描述复杂、庞大的工程系统和管理问题,可以解决很多工程设计和管理决策的最优化问题。例如,完成工程任务的时间最少、距离最短、费用最省等等。因此,图论受到数学、工程技术和经营管理等方面越来越广泛的重视。

生产管理中经常会遇到线路的合理衔接搭配、管道线路的通过能力、仓储设施的布局等问题。在运筹学中,可将这些问题抽象为节点、边(弧)所组成的图形问题。网络分析就是根据所研究的网络对象,赋予图中各边某个具体参数,如时间、流量、费用、距离等,规定图中节点为流动的始点、中转点和终点,然后进行网络流量的分析和优化。

1.4.3 存储论(inventory theory)

存储论是一种研究最优存储策略的理论和方法。在实际生产实践过程中,企业希望尽可能减少原材料和产成品的存储以减少流动资金和仓储费用。但是,过少的原材料仓储可能导致企业原材料供应不上,从而导致生产不能正常进行;过少的产成品存储则可能导致客户不能得到足够的商品,从而导致客户忠诚度的下降。存储论就是研究在不同需求、供货及到达方式等情况下,在什么时间点及一次提出多大批量的订货,使用于订购、存储和可能发生短缺的费用的总和最少。

1.4.4 排队论(queueing theory)

排队论又称为随机服务系统理论。1909 年丹麦的电话工程师爱尔朗(A. K. Erlang)

提出了排队问题；1930 年以后，开始了更为一般的研究，取得了一些重要成果；1949 年前后，开始了对机器管理、陆空交通等方面的研究；1951 年以后，理论研究工作有了新的进展，逐渐奠定了现代随机服务系统的理论基础。排队论主要研究各种系统的排队队长、排队的等待时间及所提供的服务等各种参数，以便获得更好的服务。排队论是研究系统随机聚散现象的理论。

1.4.5　对策论（game theory）

对策论研究有关决策的问题。所谓决策，就是根据客观可能性，借助一定的理论、方法和工具，科学地选择最优方案的过程，决策问题由决策者和决策域构成，而决策域又由决策空间、状态空间和结果函数构成。研究决策理论与方法的科学就是决策科学。决策所要解决的问题是多种多样的，从不同角度有不同的分类方法。按决策者所面临的自然状态的确定与否可分为：确定型决策、风险型决策和不确定型决策；按决策所依据的目标个数可分为：单目标决策与多目标决策；按决策问题的性质可分为：战略决策和策略决策；以及按不同准则划分成的其他决策问题类型。

1.4.6　预测论（forecast theory）

预测是在科学理论的指导下做出有一定科学依据的假定。常见的预测方法有时间序列预测法和回归模型预测法两种。

1.5　运筹学的工作步骤

运筹学作为解决有限资源合理利用问题的系统的科学方法，具有其固有的工作步骤，现将这一步骤概括如下。

（1）提出和形成问题：即要弄清问题的目标、可能的约束、可控变量、有关的参数以及搜集有关信息资料。

（2）建立模型：即把问题中的决策变量、参数和目标、约束之间的关系用一定的模型表示出来。

（3）求解模型：根据模型的性质，选择相应的求解方法，求得最优或满意解，解的精度要求可由决策者提出。

（4）解的检验与转译：首先检查求解过程是否有误，然后再检查解是否反映客观实际。如果所得之解不能较好地反映实际问题，必须返回（1）修改模型，重新求解；如果所得之解能较好地反映实际问题，也必须仔细将模型结论转译成现实结论。

（5）解的实施：实施过程必须考虑解的应用范围及对各主要因素的敏感程度，向决策者讲清解的用法以及在实施中可能产生的问题和修改的方法。

项目二　线性规划

教学目标

知识目标	(1) 能正确描述线性规划的概念、特征； (2) 能正确描述图解法的求解步骤； (3) 能正确描述线性规划的标准形式； (4) 能正确描述单纯形法的求解原理和步骤； (5) 能正确叙述线性规划的应用领域。
技能目标	(1) 能正确建立线性规划模型； (2) 能正确应用图解法求解线性规划问题； (3) 能应用单纯形法求解线性规划问题； (4) 能应用软件进行线性规划问题的求解。

学习时间

10 学时

内容简介

　　线性规划(linear programming, LP)是运筹学的一个重要分支。早在 20 世纪 30 年代末,苏联著名的数学家康托洛维奇就提出了线性规划的数学模型,而后于 1947 年美国人丹捷格(G. B. Dantzig)给出了一般线性规划问题的求解方法——单纯形法,之后线性规划在实际中得到了广泛应用,特别是随着计算机技术的飞速发展,使得大规模线性规划的求解成为可能,从而使得线性规划的应用领域更加广泛。目前,线性规划被广泛应用于工业、农业、商业、交通运输、军事、政治、经济、管理等领域的最优设计和决策问题上。

任务一　线性规划的概念

1.1　线性规划问题及其数学模型

1.1.1　问题的提出

在生产管理和经营活动中经常提出一类问题,即如何合理地利用有限的人力、物力、财力等资源,以便得到最好的经济效果。

例 2-1-1　生产计划问题　某工厂在计划期内要安排甲、乙两种产品的生产,生产单位产品所需要的设备台时以及 A、B 两种原材料的消耗以及资源的限制如表 2-1-1 所示,工厂每生产一件产品甲可获利 2 元,每生产一件产品乙可获利 3 元,问工厂应如何安排生产任务才能使获利最多?

表 2-1-1

	甲产品	乙产品	资源限量
原料 A	4	0	16(kg)
原料 B	0	4	12(kg)
设备台时数	1	2	8(台时)

1.1.2　数学模型的建立

线性规划的研究对象是稀缺资源最优分配问题,即将有限的资源以最佳的方法,分配于相互竞争的活动之中。一般体现为在一定的资源条件下,如何合理使用,达到效益的最大化;或者在给定任务下,如何统筹安排,尽量降低成本,使资源消耗最小化。由于这些问题从本质上看很多都是线性的,所以我们称之为**线性规划**。

那么接下来我们建立例 2-1-1 的数学模型。

第一步,设定变量。题目中要求我们决策两种产品的生产计划,所以我们可以设生产产品甲、乙的数量分别为 x_1 和 x_2。这些变量是由决策部门加以确定的,我们把它们称为**决策变量**。决策变量的取值均为非负。

第二步,建立目标函数,即我们在具体问题中要达到的目标。在例 2-1-1 中,我们的目标是要获得最大利润,即

$$\max z = 2x_1 + 3x_2$$

第三步,建立约束条件。约束条件是我们在安排规划的过程中所受到的资源限制。在本例中,该生产计划受到一系列现实条件的约束。

设备台时数:生产所用的设备台时不得超过所拥有的设备台时,即

$$x_1 + 2x_2 \leqslant 8$$

原材料数:生产所用的两种原材料 A、B 不得超过所拥有的原材料总数,即

$$4x_1 \leqslant 16$$
$$4x_2 \leqslant 12$$

非负约束:生产的产品数不可能为负值,即

$$x_1, x_2 \geqslant 0$$

综上所述,我们可以把该问题的数学模型表示为

$$\max z = 2x_1 + 3x_2$$

$$\text{s. t.} \begin{cases} x_1 + 2x_2 \leqslant 8 \\ 4x_1 \leqslant 16 \\ 4x_2 \leqslant 12 \\ x_1, x_2 \geqslant 0 \end{cases}$$

例 2-1-2 营养配餐问题 营养学家指出,成人良好的日常饮食应该至少提供0.075 kg 的碳水化合物、0.06 kg 的蛋白质、0.06 kg 的脂肪。1 kg 食物 A 含有 0.105 kg 碳水化合物、0.07 kg 蛋白质、0.14 kg 脂肪,花费 28 元;而 1 kg 食物 B 含有 0.105 kg 碳水化合物、0.14 kg 蛋白质、0.07 kg 脂肪,花费 21 元。为了满足营养专家指出的日常饮食要求,同时使花费最低,需要同时食用多少食物 A 和食物 B?

解:设每天食用 x kg 食物 A,y kg 食物 B,总成本为 z,那么

$$\min z = 28x + 21y$$

而这些食物中所含有的碳水化合物、蛋白质和脂肪都要达到需求,因此

$$\text{s. t.} \begin{cases} 0.105x + 0.105y \geqslant 0.075 \\ 0.07x + 0.14y \geqslant 0.06 \\ 0.14x + 0.07y \geqslant 0.06 \\ x \geqslant 0 \\ y \geqslant 0 \end{cases}$$

1.2　线性规划模型的概念

上述两个例题虽然在内容上不尽相同,但其数学模型都有着共同的特征,它们都是要求一组变量(一般是非负的)在一组线性的约束条件下,使得一个线性的目标函数取得最大值或最小值。我们把这类问题统称为**线性规划问题**。

根据问题的性质,线性规划有多种形式,目标函数有要求最大化的,也有要求最小化的;约束条件可以是不等式,也可以是等式;决策变量一般是非负的。因此,我们可以抽象出线性规划的一般形式

$$\max(\min) z = c_1 x_1 + c_2 x_2 + \cdots + c_n x_n$$

$$\text{s. t.} \begin{cases} a_{11}x_1+a_{12}x_2+\cdots+a_{1n}x_n\leqslant(=,\geqslant)b_1 \\ a_{21}x_1+a_{22}x_2+\cdots+a_{2n}x_n\leqslant(=,\geqslant)b_2 \\ \qquad\qquad\cdots \\ a_{m1}x_1+a_{m2}x_2+\cdots+a_{mn}x_n\leqslant(=,\geqslant)b_m \\ x_1,x_2,\cdots,x_n\geqslant0 \end{cases}$$

其中,我们要达到的最大化或最小化的目标式称为**目标函数**,下边的方程组称为**约束条件**,表明在规划中将要受到的资源限制,求出的使目标达到最优的 x_1 到 x_n 的取值叫做**最优解**,把最优解代入目标函数求出的目标函数值称为**最优值**。

任务二　线性规划的图解法

在建立了线性规划的模型之后,接下来就要求解模型了。在求解线性规划模型时,最简单的方法就是图解法。

当线性规划问题中变量个数为 2 时,我们可以在直角坐标系中把变量及其变化方向、范围等用图直观地表示出来,从而求得目标函数的最佳取值,这种方法就是**图解法**。在应用中,图解法相对是比较缺乏实际意义的,但通过这种方法,可以形象地说明线性规划的许多特征。

接下来,我们用图解法求解例 2-1-1。之前,我们建立出了例 2-1-1 的模型:

$$\max z=2x_1+3x_2$$

$$\text{s. t.} \begin{cases} x_1+2x_2\leqslant8 \\ 4x_1\leqslant16 \\ 4x_2\leqslant12 \\ x_1,x_2\geqslant0 \end{cases}$$

在以 x_1,x_2 为坐标轴的直角坐标系中,非负条件是指位于第一象限。每一个约束条件都代表一个半平面。我们先将这个规划的可行域画出来。约束条件 $x_1+2x_2\leqslant8$ 表示以直线 $x_1+2x_2=8$ 为边界(包括边界)的左下半平面。同理,$4x_1\leqslant16$ 表示以直线 $4x_1=16$ 为边界,包括边界在内的左下半平面,而 $4x_2\leqslant12$ 则表示以直线 $4x_2=12$ 为边界,包括边界在内的左下半平面。因此,结合非负约束限定的第一象限,我们可以作出同时满足所有约束条件的区域,如图 2-2-1 所示。在线性规划中,满足所有约束条件的解称为**可行解**。我们可以看到,在图 2-2-1 中,阴影区域

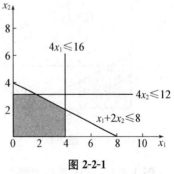

图 2-2-1

中的每一个点(包括边界点)都是可行解。阴影部分就是同时满足了 4 个约束条件的解的集合,我们把这个区域称为该线性规划问题的**可行域**。

目标函数 $z=2x_1+3x_2$ 在这个坐标平面上,它可以表示以 z 为参数、$-\dfrac{2}{3}$ 为斜率的一

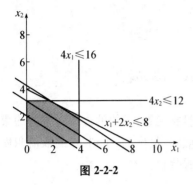

图 2-2-2

族平行线：$x_2 = -\dfrac{2}{3}x_1 + \dfrac{1}{3}z$，其中 $-\dfrac{2}{3}$ 代表斜率，$\dfrac{z}{3}$ 代表截距。现在我们要在这个可行域中求得一个使目标函数达到最大的点，其实也就是说，当目标函数 $z = 0$ 时，作出目标函数的一条直线，在这条直线上，决策变量 x_1, x_2 的任何取值，对应目标函数 z 的取值都相等，我们把这条直线叫做**等值线**。随着 z 的增大，直线一直向右平移，当直线平移到刚好要离开阴影部分的临界点时，再向右平移就与可行域没有交点了，这时就得到了 z 的最大化目标值，如图 2-2-2 所示。

因此，在等值线与阴影区域的临界交汇点就是满足约束条件的最优解，该点坐标 $x_1 = 4, x_2 = 2$ 就是满足约束条件的最优解，将它们代入目标函数求得 $z = 14$，也就是目标函数的最优值。

同理，当平行线向下移动时，当它移动到刚好要离开阴影部分的临界点时，我们就能得到 z 的最小值。因此，图解法既可以求解最大化问题，也可以求解最小化问题。

另外，由图 2-2-2 可以看出，线性规划的最优解出现在可行域的一个顶点上，此时线性规划问题有唯一解，但有时线性规划问题还可能出现其他解的情况。接下来通过例题来说明。

（1）如果将例 2-1-1 中的目标函数改为求 $\max z = 2x_1 + 4x_2$，这时目标函数的等值线就与边界线 $x_1 + 2x_2 = 8$ 平行，所以当等值线向右平移到阴影区域时，临界点不是一个点，而是一条边界线，这时，边界线上的任意一点都是这个线性规划的最优解，如图 2-2-3 所示。这时，线性规划问题有无穷多个最优解。

（2）如果在例 2-1-1 的基础上增加约束条件 $x_1 + x_2 \geqslant 9$，那么该问题的可行域是空集，所以，这个问题不存在可行解，当然更不可能存在最优解，如图 2-2-4 所示。

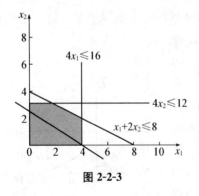

图 2-2-3

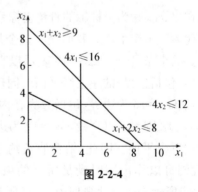

图 2-2-4

例 2-2-1 用图解法求解线性规划。

$$\max z = 2x_1 + 2x_2$$
$$\text{s. t.} \begin{cases} x_1 - x_2 \geqslant 1 \\ -x_1 + 2x_2 \leqslant 0 \\ x_1, x_2 \geqslant 0 \end{cases}$$

解:这个线性规划问题,当我们画出它的可行域和目标函数时,我们发现,这是个无界集,不管目标函数的等值线怎么向右平移,目标函数和可行域总是有交集,这时目标函数值可以无限增大,也就是说,这个问题有可行解,但没有最优解,如图 2-2-5 所示。

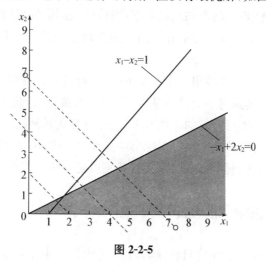

图 2-2-5

所以我们可以看出,线性规划可能有一个最优解,可能有可行解而无最优解,可能有无穷多最优解,也可能根本就没有可行解。

任务三　线性规划的单纯形法

前面介绍的图解法虽然简单、直观,容易理解,但是,它只能解决 2 个决策变量的线性规划问题,对更为复杂的问题则无能为力。所以,我们需要寻找这种问题的一般解法,20世纪 40 年代末,单茨格(Dantzig)提出的单纯形法,完美地解决了线性规划问题。

3.1　单纯形法的一些基本概念

在线性规划中,设 A 为约束条件的 $m \times n$ 阶系数矩阵(设 $n > m$),其秩为 m,B 是矩阵 A 的一个 $m \times m$ 的满秩子矩阵,那么我们称 B 是线性规划问题的一个基。

基变量:B 中每一列所对应的变量叫基变量,其余的叫非基变量。

基本可行解:一般地,如果包括松弛变量在内的变量个数为 n,方程个数为 m,那么在标准形式中,有 $n-m$ 个变量等于 0 的可行解叫做基本可行解。

最优解:满足目标函数要求的基本可行解为最优解。最优解对应的基为最优基。

矩阵的初等变换:将矩阵的一行同乘以一个数;将矩阵的一行同乘以一个数,再加到另外一行上去。

3.2 单纯形法的理论依据

单纯形法解决线性规划问题的理论依据:线性规划问题的可行域是 n 维向量空间 R_n 中的多面凸集,其最优值如果存在必在该凸集的某顶点处达到。顶点所对应的可行解称为基本可行解。

单纯形法的基本思想:先找出一个基本可行解,对它进行鉴别,看是否是最优解;若不是,则按照一定法则转换到另一改进的基本可行解,再鉴别;若仍不是,则再转换;按照这个方法重复进行。因基本可行解的个数有限,故经有限次转换后必能得出问题的最优解。如果问题无最优解也可用此法判别。单纯形法是从某一基本可行解出发,连续地寻找相邻的基本可行解,直到达到最优的迭代过程,其实质是解线性方程组。

3.3 线性规划的标准形式

线性规划问题是求一个线性目标函数在一组线性约束条件下的最大值或最小值问题。在线性规划模型中,目标函数根据实际问题的要求可以求最大值,也可以求最小值;每一个约束条件可能是相等约束,也就是约束函数等于资源常量项,也可能是不等约束,也就是约束函数大于资源常量项或约束函数小于资源常量项。资源常量项可能非负也可能非正,决策变量取值范围可能非负,可能非正,甚至可能无限制。因此,线性规划模型的形式是多种多样的,这给求解线性规划问题带来了诸多不便。为了求解的方便,我们可以先把线性规划模型转化成标准形式,然后再进行求解。所有的线性规划模型都可以转化为标准形式。下面我们介绍线性规划的标准形式。

线性规划的标准形式为

$$\max z = c_1 x_1 + c_2 x_2 + \cdots + c_n x_n$$

$$\text{s. t.} \begin{cases} a_{11} x_1 + a_{12} x_2 + \cdots + a_{1n} x_n = b_1 \\ a_{21} x_1 + a_{22} x_2 + \cdots + a_{2n} x_n = b_2 \\ \quad \cdots \\ a_{m1} x_1 + a_{m2} x_2 + \cdots + a_{mn} x_n = b_m \\ x_1, x_2, \cdots, x_n \geqslant 0 \end{cases}$$

它也常写成向量形式

$$\max z = \boldsymbol{CX}$$

$$\text{s. t.} \begin{cases} \boldsymbol{AX} = \boldsymbol{b} \\ \boldsymbol{X} \geqslant \boldsymbol{0} \end{cases}$$

$$\boldsymbol{C} = \begin{pmatrix} c_1 \\ c_2 \\ \vdots \\ c_n \end{pmatrix}, \boldsymbol{X} = \begin{pmatrix} x_1 \\ x_2 \\ \vdots \\ x_n \end{pmatrix}, \boldsymbol{A} = \begin{pmatrix} a_{11} & a_{12} & \cdots & a_{1n} \\ a_{21} & a_{22} & \cdots & a_{2n} \\ \vdots & \vdots & \cdots & \vdots \\ a_{m1} & a_{m2} & \cdots & a_{mn} \end{pmatrix}, \boldsymbol{b} = \begin{pmatrix} b_1 \\ b_2 \\ \vdots \\ b_m \end{pmatrix}$$

线性规划的标准形式必须满足以下四个条件:

（1）目标函数极大化；

（2）约束条件的右端常数项非负；

（3）所有的约束条件必须为等式；

（4）决策变量非负。

那么，如何将线性规划转化为标准形式呢？

（1）如果目标函数为求极小值，即 $\min z = CX$，因为 $\min z = -\max(-z)$，所以我们可以令 $z' = -z = -CX$，这时，目标函数就变成 $\max z' = -CX$，转化后的问题与原问题有相同的最优解。

（2）如果约束条件为不等式 $\sum\limits_{j=1}^{n} a_{ij}x_j \leqslant b_i$，那么将它转化为等式时，可以引入一个松弛变量 x_{n+1}（非负），这时原不等式就变为

$$\sum_{j=1}^{n} a_{ij}x_j + x_{n+1} = b_i$$

如果约束条件是不等式 $\sum\limits_{j=1}^{n} a_{ij}x_j \geqslant b_i$，这时可以引入剩余变量 x_{n+1}（非负），这时原不等式就变为

$$\sum_{j=1}^{n} a_{ij}x_j - x_{n+1} = b_i$$

也就是说，如果原不等式左边小于等于右边，就让左边加上一个非负数，使得两边相等；如果原不等式左边大于等于右边，就让左边减去一个非负数，使得两边相等。

（3）如果右端常数项小于 0，只需两边同乘以 -1 即可。

（4）如果决策变量无非负约束，这时可以分为以下两种情况讨论：

① 决策变量 $x_j \leqslant 0$，可以令 $x_j' = -x_j$，这里 x_j' 非负。

② 若 x_j 为自由变量，即 x_j 可为任意实数，可令 $x_j = x_j' - x_j''$，且 $x_j', x_j'' \geqslant 0$，将变换后的变量代入原模型，则转化后的问题和转化前的问题具有相同的最优解。

例 2-3-1　将下列线性规划问题转化为标准形式。

$$\min z = x_1 - 2x_2 + 3x_3$$

$$\text{s. t.} \begin{cases} x_1 + x_2 + x_3 \leqslant 7 \\ x_1 - x_2 + x_3 \geqslant 2 \\ 3x_1 - x_2 - 2x_3 = -5 \\ x_1, x_2, x_3 \geqslant 0 \end{cases}$$

解：第一步，目标函数乘以 -1，转化为最大化。即

$$\max z = -x_1 + 2x_2 - 3x_3$$

第二步，在第一个约束条件中引入松弛变量 x_4，在第二个约束条件中引入剩余变量 x_5，即

$$x_1 + x_2 + x_3 + x_4 = 7$$

$$x_1 - x_2 + x_3 - x_5 = 2$$

第三步，在第三个约束条件等式两边同乘以 -1，使等式右边为非负。即

$$-3x_1+x_2+2x_3=5$$

第四步,将无约束的 x_3 转化为 $x_3=x_6-x_7$,把它代入原问题中,因此,可以得到原问题的标准形式

$$\max z=-x_1+2x_2-3x_3$$

$$\text{s. t.}\begin{cases} x_1+x_2+x_6-x_7+x_4=7 \\ x_1-x_2+x_6-x_7-x_5=2 \\ -3x_1+x_2+2x_6-2x_7=5 \\ x_1,x_2,x_4,x_5,x_6,x_7\geqslant0 \end{cases}$$

3.4 单纯形法的求解

例 2-3-2 用单纯形法求解线性规划。

$$\max z=2x_1+x_2$$

$$\text{s. t.}\begin{cases} 5x_2\leqslant15 \\ 6x_1+2x_2\leqslant24 \\ x_1+x_2\leqslant5 \\ x_1,x_2\geqslant0 \end{cases}$$

解:先把线性规划问题化为标准型:

$$\max z=2x_1+x_2+0x_3+0x_4+0x_5$$

$$\text{s. t.}\begin{cases} 5x_2+x_3=15 \\ 6x_1+2x_2+x_4=24 \\ x_1+x_2+x_5=5 \\ x_1,x_2,x_3,x_4,x_5\geqslant0 \end{cases}$$

这时我们可以得到约束条件的增广矩阵:

$$\begin{bmatrix} 0 & 5 & 1 & 0 & 0 & 15 \\ 6 & 2 & 0 & 1 & 0 & 24 \\ 1 & 1 & 0 & 0 & 1 & 5 \end{bmatrix}$$

取单位矩阵所在的列对应的变量为基变量,其余变量为非基变量,获得基本可行解 $\boldsymbol{X}=(0,0,15,24,5)^{\mathrm{T}}$。列出一个初始单纯形表,见表 2-3-1。

表 2-3-1

基变量	x_1	x_2	x_3	x_4	x_5	B
x_3	0	5	1	0	0	15
x_4	6	2	0	1	0	24
x_5	1	1	0	0	1	5
z	2	1	0	0	0	0

表 2-3-1 的最后一行,我们称为**目标函数行**。从目标函数行我们可以看出,现在 $z=0$,也就是说目标函数值为 0。那么这个基本可行解是不是最优解呢? 判定方法是:单纯形表中目标函数行对应于非基变量的元素,我们把它称为检验数。而当所有检验数都非正时,就得到了最优解,否则解仍然可以改善。

事实上,如果检验数有正数,那么以该检验数为系数的非基变量取值大于 0 时,目标函数值就仍然可以增大,所以这个解不是最优解;而当所有检验数非正时,非基变量取值为 0,目标函数已取得极大值,所以这个解就是最优解。

在表 2-3-1 中的检验数,2 和 1 均为正数,因此,解仍然可以改善。把原来的一个非基变量换为基变量,使得目标函数值增大。因为 x_1 的价值系数更大,所以如果把 x_1 变为基变量,目标函数值会增加更快。选择将 x_1 换为基变量,称为**进基变量**。因为换入了一个基变量,因此,有一个原来的基变量会被换出,称之为**离基变量**。

选定进基变量后,可以用最小比值法,$\min\left\{\dfrac{24}{6},\dfrac{5}{1}\right\}=\dfrac{24}{6}$,确定 6 作为主元,即要化为 1 的元素。这个元素不能为负,不能为 0。可以把主元用括号标志出来,如表 2-3-2 所示。

表 2-3-2

基变量	x_1	x_2	x_3	x_4	x_5	B
x_3	0	5	1	0	0	15
x_4	[6]	2	0	1	0	24
x_5	1	1	0	0	1	5
z	2	1	0	0	0	0

接下来,通过初等行变换,把主元化为 1,把主元列其他元素全部都变为 0,结果如表 2-3-3 所示。

表 2-3-3

基变量	x_1	x_2	x_3	x_4	x_5	B
x_3	0	5	1	0	0	15
x_1	1	$\dfrac{1}{3}$	0	$\dfrac{1}{6}$	0	4
x_5	0	$\dfrac{2}{3}$	0	$-\dfrac{1}{6}$	1	1
z	0	$\dfrac{1}{3}$	0	$-\dfrac{1}{3}$	0	-8

检查检验数,仍有正数 $\dfrac{1}{3}$,证明目标函数值还能增大,所以让正的检验数所对应的变量 x_2 作为进基变量,用最小比值法 $\min\left\{4/\dfrac{1}{3},1/\dfrac{2}{3}\right\}=1/\dfrac{2}{3}$,所以主元定为 $\dfrac{2}{3}$。再次进行初等行变换,得到表 2-3-4。

表 2-3-4

基变量	x_1	x_2	x_3	x_4	x_5	B
x_3	0	0	1	$\dfrac{5}{4}$	$-\dfrac{15}{2}$	$\dfrac{15}{2}$
x_1	1	0	0	$\dfrac{1}{4}$	$-\dfrac{1}{2}$	$\dfrac{7}{2}$
x_2	0	1	0	$-\dfrac{1}{4}$	$\dfrac{3}{2}$	$\dfrac{3}{2}$
z	0	0	0	$-\dfrac{1}{4}$	$-\dfrac{1}{2}$	$\dfrac{17}{2}$

观察表 2-3-4 的目标函数行,所有检验数都非正,这时我们就得到了最优解 $X=\left(\dfrac{7}{2},\dfrac{3}{2},\dfrac{15}{2},0,0,0\right)^{\mathrm{T}}$,把它代入到目标函数,得到最优值 $z=\dfrac{17}{2}$。

由此,我们总结出单纯形法的基本步骤为:

(1) 建立线性规划问题模型,并将其化为标准形式。

(2) 在标准形式的基础上做初始单纯形表,求出检验数。

(3) 确定检验数中最大正数所在的列为主元列,选择主元列所对应的非基变量为进基变量。

(4) 按最小比值原则,用常数列各数除以主元列相对应的正商数,取其最小比值,该比值所在的行为主元行;主元列与主元行交叉的元素为主元,主元所对应的基变量为出基变量。

(5) 对含常数列的增广矩阵用初等变换把主元变为 1,主元所在的列的其余元素化为 0。

(6) 计算检验数,直到全部检验数小于等于 0,迭代终止,基变量对应的常数列为最优解,代入目标函数得最优目标函数值。

例 2-3-3 用单纯形法求解线性规划。

$$\max z = 4x_1 + 5x_2$$

$$\text{s. t.} \begin{cases} x_1 \leqslant 4 \\ x_2 \leqslant 3 \\ x_1 + 2x_2 \leqslant 8 \\ x_1, x_2 \geqslant 0 \end{cases}$$

解:(1) 先将上述问题化为标准形式。

$$\max z = 4x_1 + 5x_2$$

$$\text{s. t.} \begin{cases} x_1 + x_3 = 4 \\ x_2 + x_4 = 3 \\ x_1 + 2x_2 + x_5 = 8 \\ x_1, x_2, x_3, x_4, x_5 \geqslant 0 \end{cases}$$

(2) 在标准形式的基础上做出初始单纯形表(见表 2-3-5),求出检验数。

表 2-3-5

基变量	x_1	x_2	x_3	x_4	x_5	B
x_3	1	0	1	0	0	4
x_4	0	1	0	1	0	3
x_5	1	2	0	0	1	8
z	4	5	0	0	0	0

（3）检验数 4,5 都是正数，还能找到更优的解。因此，我们要进行初等行变换。选择检验数比较大的 5 所对应变量 x_2 作为进基变量。

（4）用最小比值法确定主元，$\min\left\{\dfrac{3}{1}, \dfrac{8}{2}\right\} = 3$，所以主元定为 1。进行初等行变换，把主元变为 1，主元列其他元素变为 0，见表 2-3-6。

表 2-3-6

基变量	x_1	x_2	x_3	x_4	x_5	B
x_3	1	0	1	0	0	4
x_2	0	1	0	1	0	3
x_5	1	0	0	-2	1	2
z	4	0	0	-5	0	-15

（5）观察目标函数行的检验数，发现 4 仍然为正数，于是选择 4 所对应变量 x_1 为进基变量。

（6）用最小比值法确定主元，$\min\left\{\dfrac{4}{1}, \dfrac{2}{1}\right\} = 2$，进行初等行变换，把主元变为 1，主元列其他元素变为 0，见表 2-3-7。

表 2-3-7

基变量	x_1	x_2	x_3	x_4	x_5	B
x_3	0	0	1	2	-1	2
x_2	0	1	0	1	0	3
x_1	1	0	0	-2	1	2
z	0	0	0	3	-4	-23

（7）观察目标函数行的检验数，发现 3 仍然为正数，于是选择 3 所对应变量 x_4 为进基变量。

（8）用最小比值法确定主元，$\min\left\{\dfrac{2}{2}, \dfrac{3}{1}\right\} = 1$，进行初等行变换，把主元变为 1，主元列其他元素变为 0，见表 2-3-8。

表 2-3-8

基变量	x_1	x_2	x_3	x_4	x_5	B
x_4	0	0	$\frac{1}{2}$	1	$-\frac{1}{2}$	1
x_2	0	1	$-\frac{1}{2}$	0	$\frac{1}{2}$	2
x_1	1	0	1	0	0	4
z	0	0	$-\frac{3}{2}$	0	$-\frac{5}{2}$	-26

观察表 2-3-8 中目标函数的检验数,全部非正,这时我们就找到了该线性规划问题的最优解。最优解为 $X=(4,2,0,1,0)^{\mathrm{T}}$,去掉松弛变量和剩余变量,最优解为 $X=[4,2]^{\mathrm{T}}$,代入目标函数得最优值 $z=26$。

有的时候,当得到最优解之后,检验数并不全部为负,而是有 0 存在。这时,把检验数为 0 的一列作为进基变量,再次进行迭代,会得到另外一组最优解,代表该线性规划有无穷多最优解。只要是已得到最优解的单纯形表中出现了检验数为 0 的情况,一般该问题都有着无穷多最优解。

同理,如果单纯形表中某非基变量的检验数为正,但此时该非基变量所对应列所有元素非正,那么该问题无最优解。

任务四 线性规划的软件求解

4.1 WinQSB 简介

WinQSB 是应用于运筹学的一款软件,这款软件可用于教学和企业管理,也可用来对运筹学中的线性规划、整数规划、网络计划技术等问题进行求解。

WinQSB 软件共提供了 19 类运筹学问题的计算程序系统,如表 2-4-1 所示。

表 2-4-1

序号	程 序	缩写	名 称	应用范围
1	Acceptance Sampling Analysis	ASA	抽样分析	各种抽样分析、抽样方案设计、假设分析
2	Aggregate Planning	AP	综合计划	具有多时期正常、加班、分时、转包生产量、需求量、储存费用、生产费用等复杂的整体综合生产计划的编制方法。将问题归结到求解线性规划模型或运输模型

序号	程　序	缩写	名　称	应用范围
3	Decision Analysis	DA	决策分析	确定型与风险型决策、贝叶斯决策、决策树、二人零和对策、蒙特卡罗模拟
4	Dynamic Programming	DP	动态规划	最短路问题、背包问题、生产与储存问题
5	Facility Location and Layout	FLL	设备场地布局	设备场地设计、功能布局、线路均衡布局
6	Forecasting and Linear Regression	FC	预测与线性回归	简单平均、移动平均、加权移动平均、线性趋势移动平均、指数平滑、多元线性回归、Holt-Winters 季节迭加与乘积算法
7	Goal Programming and Integer Linear Goal Programming	GP-IGP	目标规划与整数线性目标规划	多目标线性规划、线性目标规划,变量可以取整、连续、0—1 或无限制
8	Inventory Theory and Systems	ITS	存储论与存储控制系统	经济订货批量、批量折扣、单时期随机模型,多时期动态储存模型,储存控制系统(各种储存策略)
9	Job Scheduling	JOB	作业调度	机器加工排序、流水线车间加工排序
10	Linear Programming and Integer Linear Programming	LP-ILP	线性规划与整数规划	线性规划、整数规划、写对偶、灵敏度分析、参数分析
11	Markov Process	MKP	马尔可夫过程	转移概率、稳态概率
12	Material Requirements Planning	MRP	物料需求计划	物料需求计划的编制、成本核算
13	Network Modeling	NET	网络模型	运输、指派、最大流、最短路、最小支撑树、货郎担等问题
14	Nonlinear Programming	NLP	非线性规划	有(无)条件约束、目标函数或约束条件非线性、目标函数与约束条件都非线性等规划的求解与分析
15	Project Scheduling	PERT-CPM	网络计划	关键路径法、计划评审技术、网络的优化、工程完工时间模拟、绘制甘特图与网络图
16	Quadratic Programming	QP	二次规划	求解线性约束、目标函数是二次型的一种非线性规划问题,变量可以取整数
17	Queuing Analysis	QA	排队分析	各种排队模型的求解与性能分析、15 种分布模型求解、灵敏度分析、服务能力分析、成本分析
18	Queuing System Simulation	QSS	排队系统模拟	未知到达和服务时间分布、一般排队系统模拟计算
19	Quality Control Charts	QCC	质量管理控制图	建立各种质量控制图和质量分析

4.2　WinQSB 软件的安装

WinQSB 软件的安装比较简单,双击"Setup. exe",弹出窗口如图 2-4-1 所示。

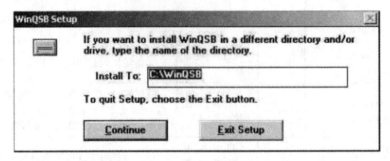

图 2-4-1

输入要安装的目录,点"Continue"按钮,弹出窗口,如图 2-4-2 所示。

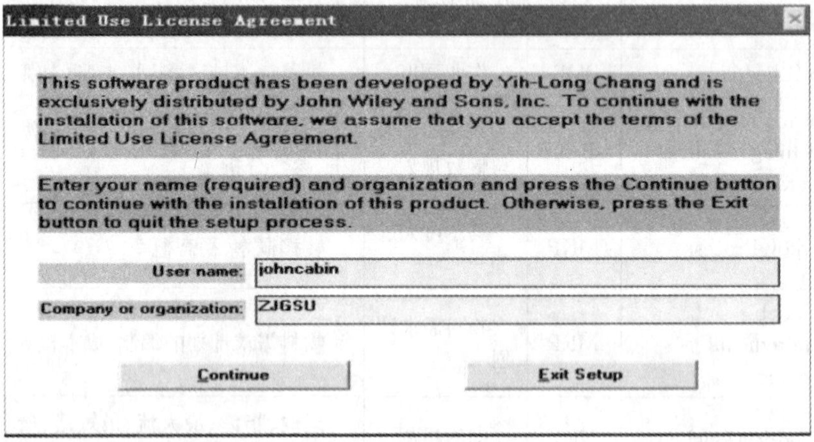

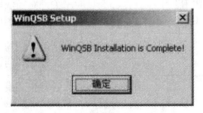

图 2-4-2

输入用户名和公司或组织名称,点"Continue"按钮进行软件的安装,完成后弹出窗口,如图 2-4-3 所示。

图 2-4-3

显示安装完成,点确定键退出。

WinQSB 安装完毕后,会在开始—程序—WinQSB 中生成 19 个菜单项,分别对应表 2-4-1 中所列出的运筹学 19 个问题,如图 2-4-4 所示。

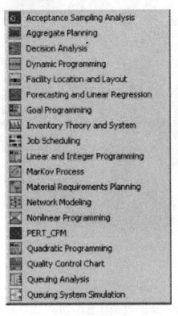

图 2-4-4

针对不同的问题,选择不同的子菜单项,运行相应的程序。然后使用 File 菜单下的 New Problem 菜单输入所需数据。

4.3　用 WinQSB 软件求解线性规划问题

用 WinQSB 求解线性规划问题,主要使用到的是该软件的"Linear and Integer Programming"模块。

接下来,我们用 WinQSB 的线性规划模块来求解一下例 2-1-1 的问题。

$$\max z = 2x_1 + 3x_2$$

$$\text{s. t.} \begin{cases} x_1 + 2x_2 \leqslant 8 \\ 4x_1 \leqslant 16 \\ 4x_2 \leqslant 12 \\ x_1, x_2 \geqslant 0 \end{cases}$$

(1) 首先,点击 WinQSB 中的"Linear and Integer Programming"菜单项(见图 2-4-4),进入初始界面,如图 2-4-5 所示。

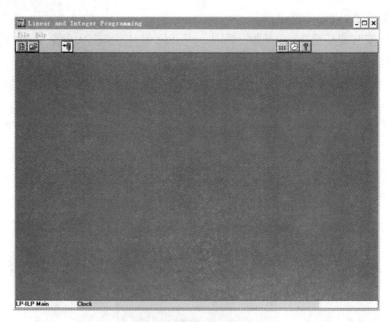

图 2-4-5

点击"File"菜单下的"New Problem"按钮或者快捷栏中印有网格状的按钮,屏幕出现名为"LP-ILP Problem Specification"(问题描述)的工作界面,如图 2-4-6 所示。

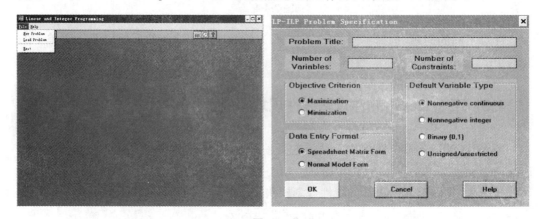

图 2-4-6

填入 Problem Title(问题名称):例 2-1-1;Number of Variables(变量个数):2;Number of Constrains(约束条件个数):3,这里的约束条件不包括非负约束,所以原模型的约束条件为 3 个;选择 Objective Criterion(目标函数的类型),因为题目是求最大值,所以在这里选择 Maximization;选择 Data Entry Format(数据输入格式),可以选择表格输入,即 Spreadsheet Matrix Form;最后选择 Default Variable Type(系统默认的变量类型),变量类型有 4 种:Nonnegative continuous(非负连续变量)、Nonnegative integer(非负整数变量)、Binary[0,1]((0,1 变量)、Unsigned/unrestricted(无符号限制的变量),在这里选择 Nonnegative continuous,如图 2-4-7 所示。

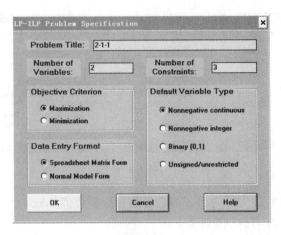

图 2-4-7

（2）在弹出的窗口中输入数据。输入时，模型不必化为标准形式。系统默认变量的下限为 0，上限为一个非常大的正数 M，如果变量的上限或下限为其他值时，直接将数字填入"Lower Bound"和"Upper Bound"行，取代相应的 0 和 M 就可以了。输入数据，如图 2-4-8 所示。

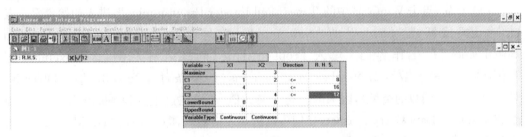

图 2-4-8

（3）求解。单击"Solve and Analyze—Solve the problem"，弹出对话框，如图 2-4-9 所示，点击确定。

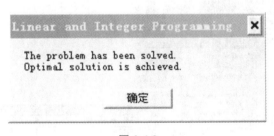

图 2-4-9

这时，我们就可以得到计算结果，如图 2-4-10 所示。

	16:40:04		2016-5-9 16:40:04 下午	2016-5-9 16:40:04 下午	2016-5-9 16:40:04 下午	2016-5-9 16:40:04 下午		
	Decision Variable	Solution Value	Unit Cost or Profit c[i]	Total Contribution	Reduced Cost	Basis Status	Allowable Min. c[i]	Allowable Max. c[i]
1	X1	4.0000	2.0000	8.0000	0	basic	1.5000	M
2	X2	2.0000	3.0000	6.0000	0	basic	0	4.0000
	Objective	Function	(Max.) =	14.0000				
	Constraint	Left Hand Side	Direction	Right Hand Side	Slack or Surplus	Shadow Price	Allowable Min. RHS	Allowable Max. RHS
1	C1	8.0000	<=	8.0000	0	1.5000	4.0000	10.0000
2	C2	16.0000	<=	16.0000	0	0.1250	8.0000	32.0000
3	C3	8.0000	<=	12.0000	4.0000	0	8.0000	M

图 2-4-10

由图 2-4-10 可知,最优解为 $(4,2)$,最优的目标函数值 $\max z = 14$。

又如,用 WinQSB 求解例 2-3-3。

$$\max z = 4x_1 + 5x_2$$
$$\text{s. t.} \begin{cases} x_1 \leqslant 4 \\ x_2 \leqslant 3 \\ x_1 + 2x_2 \leqslant 8 \\ x_1, x_2 \geqslant 0 \end{cases}$$

(1) 首先,点击 WinQSB 中的"Linear and Integer Programming",进入初始界面。点击"新建"按钮或"files"里的"New problem",屏幕出现名为"LP-ILP Problem Specification"的工作界面。填入 Problem Title(问题名称):例 2-3-2;Number of Variables(变量个数):2;Number of Constrains(约束条件个数):3;选择 Objective Criterion(目标函数的类型),因为题目是求最大值,所以在这里选择 Maximization;选择数据输入格式 Data Entry Format,我们可以选择表格输入,即 Spreadsheet Matrix Form;最后选择 Default Variable Type(系统默认的变量类型),在这里选择 Nonnegative continuous,如图 2-4-11 所示。

(2) 在弹出的窗口中输入数据,如图 2-4-12 所示。

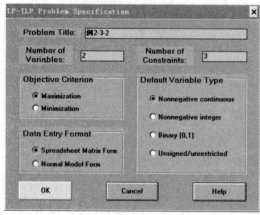

Variable -->	X1	X2	Direction	R. H. S.
Maximize	4	5		
C1	1		<=	4
C2		1	<=	3
C3	1	2	<=	8
LowerBound	0	0		
UpperBound	M	M		
VariableType	Continuous	Continuous		

图 2-4-11   图 2-4-12

（3）求解。单击"Solve and Analyze—Solve the problem"，在弹出的对话框点击"确定"，得到分析结果，最优解为$(4,2)$，$\max z=26$，如图 2-4-13 所示。

	Decision Variable	Solution Value	Unit Cost or Profit c[j]	Total Contribution	Reduced Cost	Basis Status	Allowable Min. c[j]	Allowable Max. c[j]
	17:13:58		2016-5-9 17:13:57 下午	2016-5-9 17:13:57 下午	2016-5-9 17:13:57 下午	2016-5-9 17:13:57 下午		
1	X1	4.0000	4.0000	16.0000	0	basic	2.5000	M
2	X2	2.0000	5.0000	10.0000	0	basic	0	8.0000
	Objective	Function	(Max.) =	26.0000				

	Constraint	Left Hand Side	Direction	Right Hand Side	Slack or Surplus	Shadow Price	Allowable Min. RHS	Allowable Max. RHS
1	C1	4.0000	<=	4.0000	0	1.5000	2.0000	8.0000
2	C2	2.0000	<=	3.0000	1.0000	0	2.0000	M
3	C3	8.0000	<=	8.0000	0	2.5000	4.0000	10.0000

图 2-4-13

任务五　线性规划的应用案例

线性规划的应用极其广泛，从解决技术问题的最优化设计到工业、农业、商业、军事、经济和管理决策领域都可以发挥作用。在许多情况下，只要存在选择的机会，几乎都可以运用线性规划理论与方法对方案进行优化。下面为大家介绍一些线性规划可应用的方面。

例 2-5-1　木材库存问题　一个木材储运公司有很大的仓库用以储运、出售木材。由于木材季度价格的变化，该公司于每季度初购进木材，一部分于本季度内出售，一部分储存起来以后出售。已知该公司仓库的最大储存量为 2 000 万立方米，储存费用为$(70+100t)$千元/万立方米，t 为存储时间（季度数）。

已知每季度的买进价、卖出价及预计的销售量如表 2-5-1 所示（图中买进价和卖出价的单位为万元/万立方米，销量单位为万立方米）。由于木材不宜久储，所有库存木材应于每年秋末售完。为使售后利润最大，试建立该问题的线性规划模型。

表 2-5-1

季　度	买进价	卖出价	预计销售量
春	410	425	1 000
夏	430	440	1 400
秋	460	465	2 000
冬	450	455	1 600

例 2-5-2　项目投资优化问题　某公司有一批资金用于 A、B、C、D、E 五个工程项目的投资，已知用于各工程项目所得净收益（投入资金的百分比）如表 2-5-2 所示，由于某种原因，决定用于项目 A 的投资不大于其他各项投资之和，而用于项目 B 和 E 的投资之和不小于项目 C 的投资。试确定使该公司收益最大的投资分配方案。

表 2-5-2

工程项目	A	B	C	D	E
收益(%)	10	8	6	5	9

例 2-5-3　运输问题　某物流公司需将 A_1、A_2、A_3 三个工厂生产的一种新产品运送到 B_1、B_2、B_3、B_4 四个销售点，通过实际考察，得到三个产地和四个销售点的产量、销量和单位运价等数据，见表 2-5-3。公司管理层希望在产销平衡的条件下，以最小的成本运送所需的产品，试确定配送方案。

表 2-5-3

产地 ＼ 销地	B_1	B_2	B_3	B_4	产　量
A_1	4	7	10	2	70
A_2	3	2	8	5	45
A_3	5	6	3	8	55
销　量	30	60	35	45	

例 2-5-4　种植计划问题　某农场拥有土地 230 亩，其中除坡地 100 亩、旱地 80 亩外，其余为水田。在所拥有的土地上可以种植六种作物。其中第一种作物可在坡地、旱地种植，第二种作物可在旱地种植，第三种作物可在 3 类土地种植，第四种作物可在坡地、旱地种植，第五种和第六种作物可在水田种植。

根据经验，获得种植收入 100 元，各种作物所需土地面积为：第一种作物需坡地 0.4 亩或旱地 0.3 亩，第二种作物需旱地 0.25 亩，第三种作物需坡地 0.2 亩或旱地 0.15 亩或水田 0.4 亩，第四种作物需坡地 0.18 亩或旱地 0.1 亩，第五种作物需水田 0.15 亩，第六种作物需水田 0.1 亩。农场需要确定种植计划，使获得的总收益最大。

例 2-5-5　库存和销售问题　某商店要制订明年第一季度某种商品的进货和销售计划。已知该店的仓库容量最多可储存该种商品 500 件，而今年年底有 200 件存货。该店在每月月初进货一次，已知各个月份进货和销售该种商品的单价如表 2-5-4 所示。现在要确定每个月应进货和销售多少件，才能使总利润最大。

表 2-5-4

月　份	1	2	3
进货单价(元/件)	8	6	9
销售单价(元/件)	9	8	10

例 2-5-6　配料问题　某染化厂要用 C、P、H 三种原料混合配置出 A、B、D 三种不同规格的产品，原料 C、P、H 每天的最大供应量分别为 100 kg、100 kg、60 kg，每千克单价分别为 65 元、25 元、35 元。产品 A 要求原料 C 含量不少于 50%，含原料 P 不超过 25%，产品 B 含 C 不得少于 25%，含 P 不超过 50%，产品 D 的原料配比没有限制，产品 A、B 含原料 H 的数量没有限制。产品 A、B、D 每千克的单价分别为 50 元、35 元、25 元。问应如何

安排生产,使得利润最大?

任务六 线性规划的应用练习

1. 用图解法求解下列线性规划问题。

(1) $\max z = 2x_1 + x_2$

$$\text{s. t.} \begin{cases} x_1 + x_2 \leqslant 4 \\ x_1 - x_2 \leqslant 0 \\ x_1, x_2 \geqslant 0 \end{cases}$$

(2) $\max z = 2x_1 + x_2$

$$\text{s. t.} \begin{cases} x_1 - x_2 \leqslant 4 \\ x_1 - x_2 \leqslant 2 \\ x_1, x_2 \geqslant 0 \end{cases}$$

(3) $\min z = x_1 + x_2$

$$\text{s. t.} \begin{cases} 2x_1 + x_2 \leqslant 20 \\ x_1 + x_2 \geqslant 10 \\ x_1 \geqslant 5 \\ x_2 \geqslant 0 \end{cases}$$

(4) $\max z = 2x_1 + x_2$

$$\text{s. t.} \begin{cases} -x_1 - x_2 \leqslant -4 \\ x_1 + x_2 \leqslant 2 \\ x_1, x_2 \geqslant 0 \end{cases}$$

2. 将下列线性规划问题化为标准型。

(1) $\min z = -2x_1 + 5x_2$

$$\text{s. t.} \begin{cases} x_1 \leqslant 4 \\ x_2 \leqslant 3 \\ x_1 + x_2 \leqslant 8 \\ x_1, x_2 \geqslant 0 \end{cases}$$

(2) $\min z = 2x_1 - x_2$

$$\text{s. t.} \begin{cases} 3x_1 + x_2 = 6 \\ -x_1 + x_2 \geqslant -3 \\ x_1 \geqslant 0, x_2 \text{ 无非负要求} \end{cases}$$

(3) $\min z = -3x_1 + 4x_2 - 2x_3 + 4x_4$

$$\text{s. t.} \begin{cases} 4x_1 - x_2 + 2x_3 - x_4 = -2 \\ x_1 + x_2 + 3x_3 - x_4 \leqslant 14 \\ -x_1 + 3x_2 - x_3 + 2x_4 \geqslant 2 \\ x_1, x_2 \geqslant 0, x_3 \leqslant 0, x_4 \text{ 无非负要求} \end{cases}$$

(4) $\min z = 5x_1 - 2x_2 + 3x_3 - 6x_4$

$$\text{s. t.} \begin{cases} x_1 + 2x_2 + 3x_3 + 4x_4 \leqslant 18 \\ 2x_1 + x_2 + x_3 + 2x_4 \geqslant 10 \\ 3x_1 - x_2 - 2x_3 + x_4 = -6 \\ x_1, x_2, x_4 \geqslant 0, x_3 \text{ 无非负要求} \end{cases}$$

3. 某车间生产甲、乙两种产品。已知制造一件甲种产品要 A 种元件 4 个、B 种元件 3 个;制造一件乙种产品要 A 种元件 2 个、B 种元件 3 个。现因某种条件限制,只有 A 种元件 120 个、B 种元件 135 个。每件甲种产品可获得利润 20 元,每件乙种产品可获得利润 15 元。试建立线性规划模型,以确定在该条件下,甲、乙产品的生产方案,使获得的利润最大。

4. 某鸡场有 10 000 只鸡,用动物饲料和谷物饲料混合喂养。每天每只鸡平均吃混合饲料 0.3 kg,其中动物饲料占的比例不能少于 10%;动物饲料每千克 20 元,谷物饲料每千克 18 元。饲料公司每周仅保证供应谷物饲料 20 000 kg。试建立线性规划模型,以确定混合饲料各成分的数量,使总成本最低。

5. 某公司在 5 年内考虑下列投资,已知:

项目 A　可在第一年至第四年的年初投资,并于次年年末收回本利共 115%;

项目 B   在第三年的年初投资,到第五年年末收回本利 135%,但规定投资额不能超过 4 万元;

项目 C   在第二年的年初投资,到第五年年末收回本利 145%,但投资额不能超过 3 万元;

项目 D   每年年初购买债券,年底归还,利息是 6%。

公司有资金 10 万元,问如何投资才能使第五年年末拥有的资金最多? 求线性规划模型。

6. 某厂接到生产 A、B 两种产品的合同,产品 A 需 150 件,产品 B 需 420 件。这两种产品的生产都经过毛坯制造与机械加工两个工艺阶段。在毛坯制造阶段,产品 A 每件需 5 小时,产品 B 每件需 9 小时。机械加工阶段又分粗加工和精加工两道工序,产品 A 每件需粗加工 3 小时,精加工 10 小时;产品 B 每件需粗加工 5 小时,精加工 12 小时。毛坯生产阶段能力为 1 500 小时,粗加工设备生产能力为 1 200 小时,精加工设备生产能力为 3 500 小时。加工费用在毛坯、粗加工、精加工阶段分别为每小时 3 元、8 元、6 元。此外在粗加工阶段允许设备可进行 500 小时的加班生产,但加班生产时间内每小时增加额外成本 2.5 元。试根据以上资料,建立该问题的线性规划模型,以便为该厂制定出成本最低的生产方案。

7. 某农场有 100 亩土地及 10 000 元资金可用于发展生产。农场劳动力情况为秋冬季 3 000 人日,春夏季 6 000 人日,如劳动力本身用不了时可外出干活,春夏季收入为每人 4.8 元/日,秋冬季收入为每人 2.4 元/日。该农场种植大豆、玉米、小麦三种作物,并饲养奶牛和鸡。种作物时不需要专门投资,而饲养动物时每头奶牛需投资 500 元,每只鸡需投资 2 元。养奶牛时每头需拨出土地 2.8 亩,并占用人工秋冬季为 200 人日,春夏季为 100 人日,每头奶牛年净收入 800 元。养鸡时不占土地,需人工为每只鸡秋冬季 0.5 人日,春夏季为 0.2 人日,每只鸡年净收入为 10 元。农场现有鸡舍允许最多养 2 000 只鸡,牛栏允许最多养 20 头奶牛。三种作物每年需要的人工及收入情况见表 2-6-1。

表 2-6-1

	大　豆	玉　米	小　麦
秋冬季需人日数	30	45	20
春夏季需人日数	55	65	35
年净收入(元/公顷)	240	320	180

试建立线性规划模型,决定该农场的经营方案,使年净收入为最大。

8. 某战略轰炸机群奉命摧毁敌人军事目标。已知该目标有 4 个要害部位,只要摧毁其中之一即可达到目的。完成此项任务的汽油消耗量限制为 45 000 L、重型炸弹 45 枚、轻型炸弹 30 枚。飞机携带重型炸弹时每升汽油可飞行 1 km,带轻型炸弹时每升汽油可飞行 2 km。又知每架飞机每次只能装载一枚炸弹,每出发轰炸一次除来回路程汽油消耗(空载时每升汽油可飞行 5 km)外,起飞和降落每次各消耗 100 L。有关数据见表 2-6-2。

表 2-6-2

要害部位	离机场距离（km）	摧毁可能性	
		每枚重型弹	每枚轻型弹
1	420	0.2	0.1
2	460	0.25	0.14
3	530	0.3	0.13
4	610	0.4	0.2

为了使摧毁敌方军事目标的可能性最大，试建立该问题的线性规划模型，以确定飞机轰炸的方案。

实训一　线性规划

一、实训项目

线性规划

二、实训目的

（1）会建立线性规划模型；
（2）会用图解法求解只有两个变量的线性规划问题；
（3）会用单纯形法求解线性规划问题；
（4）会用 WinQSB 软件求解线性规划问题。

三、实训形式与程序

课堂练习加上机操作

四、实训学时

4 个学时

五、实训内容

1. 用图解法求下列生产计划问题：某工厂在计划期内要安排Ⅰ、Ⅱ两种产品的生产，生产单位产品所需要的设备台时以及 A、B 两种原材料的消耗以及资源的限制如下表所示，工厂每生产一件产品Ⅰ可获利 50 元，每生产一件产品Ⅱ可获利 100 元，问工厂应如何安排生产任务才能使获利最多？

	I	II	资源限制
设备	1	1	300 台时
原料 A	2	1	400 kg
原料 B	0	1	250 kg

2. 用单纯形法求解下列人力资源分配问题:某昼夜服务的公交线路每天各时间段内所需司机和乘务人员人数如下表所示,司机和乘务人员分别在各时间段开始时上班,并连续工作 8 小时,问该公交线路应怎样安排司机和乘务人员,既能满足工作需要,又使配备司机和乘务人员的人数最少?

班 次	时 间	所需人员
1	6:00—10:00	60
2	10:00—14:00	70
3	14:00—18:00	60
4	18:00—22:00	50
5	22:00—2:00	20
6	2:00—6:00	30

项目三 整数规划

教学目标

知识目标	(1) 能正确描述整数规划的基本概念；
	(2) 能正确描述整数规划的分支定界法；
	(3) 能正确描述 0—1 规划的特点；
	(4) 能正确描述指派问题的特点和求解步骤；
	(5) 能正确叙述整数规划的应用领域。
技能目标	(1) 能正确建立整数规划模型；
	(2) 能应用分支定界法求解简单的整数规划问题；
	(3) 能正确应用匈牙利法求解指派问题；
	(4) 能应用软件进行整数规划问题的求解。

学习时间

10 学时

内容简介

在线性规划中，决策变量可以是整数，也可以是其他任意实数。但是在我们的日常生活和工作中，很多决策变量表示的是人数、机器的台数、设置的银行网点数、调度的车辆数等等。这些对象都是不可拆分的，这就决定了所有决策变量不仅要求是非负的，而且要求是整数。决策变量具有非负整数约束的线性规划叫做整数规划（integer programming）。

整数规划是数学规划中一个较弱的分支，目前只能解中等规模的线性整数规划问题，而非线性整数规划问题，还没有好的办法。

任务一 整数规划的概念

1.1 整数规划问题

1.1.1 整数规划的概念

在实际问题中,因为决策变量不可无限细分而必须取整数时,这类规划问题称为**整数规划**。整数规划可以是线性的,也可以是非线性的。如果目标函数和约束条件都是线性的,那么把这种整数规划称为**整数线性规划**。本书只研究整数线性规划。

1.1.2 整数规划的分类

如果一个整数规划问题中所有决策变量要求取非负整数,那么把它称为**纯整数规划**。如果只有一部分的决策变量要求取非负整数,另一部分可以取非负实数,就把它称为**混合整数规划**。当所有决策变量只能取 0 或 1 两个整数时,把它称为 0—1 **规划**。

1.1.3 整数规划问题的提出

整数线性规划问题和线性规划问题的区别就是决策变量要求部分还是全部为整数,所以,整数规划模型的建立类似线性规划。在下面的叙述中,我们把整数线性规划简称为整数规划。

例 3-1-1 生产计划问题 某厂在一个计划期内拟生产甲、乙两种大型设备。该厂有充分的生产能力来加工制造这两种设备的全部零件,所需原材料和能源基本上能满足供应,只有 A、B 两种生产原料的供应受到严格限制。可供原料总量、每台设备所需的原料的数量及利润如表 3-1-1 所示。问该厂安排生产甲、乙设备各多少台,才能使利润达到最大?

表 3-1-1

设 备	A(t)	B(kg)	利润(万元/台)
甲	1	5	5
乙	1	9	8
原料限量	6	45	

解:设 x_1、x_2 分别为该厂计划期内生产甲、乙设备的台数,z 为生产这两种设备可获得的总利润。x_1、x_2 都是非负整数,根据题意,该生产计划问题的数学模型为

$$\max z = 5x_1 + 8x_2$$

$$\text{s. t.} \begin{cases} x_1 + x_2 \leqslant 6 \\ 5x_1 + 9x_2 \leqslant 45 \\ x_1, x_2 \geqslant 0 \\ x_1, x_2 \text{ 取整数} \end{cases}$$

显然，若不考虑取整的条件的话，上述模型就是线性规划模型。因此我们可以把去掉整数约束条件后得到的线性规划称为原整数规划的松弛问题。

因此，整数规划的一般形式为

$$\max z(\text{或} \min z) = \sum_{j=1}^{n} c_j x_j$$

$$\begin{cases} \sum_{j=1}^{n} a_{ij} x_j = b_i & (i = 1, 2, \cdots, m) \\ x_j \geqslant 0 & (j = 1, 2, \cdots, n) \end{cases}$$

1.2 整数规划问题的求解

整数规划问题就是一种特殊的线性规划问题，那么可不可以用单纯形法来求解，然后用取整数的方式获得整数规划的解呢？我们通过下面的例题 3-1-2 来分析一下。

例 3-1-2 求解整数规划问题。

$$\max z = x_1 + x_2$$

$$\text{s. t.} \begin{cases} 14x_1 + 9x_2 \leqslant 51 \\ -6x_1 + 3x_2 \leqslant 1 \\ x_1, x_2 \geqslant 0 \\ x_1, x_2 \text{ 取整数} \end{cases}$$

先不考虑整数约束，用图解法求解上述整数规划的松弛问题，得到其可行域，如图 3-1-1 所示。

通过图 3-1-1 可以看出，该线性规划问题的最优解 $x_1 = \dfrac{3}{2}$，$x_2 = \dfrac{10}{3}$，$z = \dfrac{29}{6}$。如果用"舍入取整法"可得到 4 个点即 $(1, 3)$、$(2, 3)$、$(1, 4)$、$(2, 4)$。通过图可以发现，它们都不是整数规划的最优解，甚至不是可行解。按整数规划约束条件，其可行解肯定在线性规划问题的可行域内且为整数点。故整数规划问题的可行解集是一个有限集，因此，可以将集合内的整数点一一找出，其最大目标函数的值为最优解，这种方法叫做**完全枚举法**。

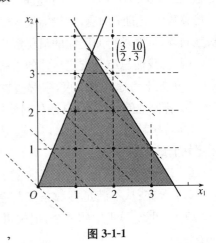

图 3-1-1

可以发现在所有的可行解中，在 $(2, 2)$、$(3, 1)$ 处可以取得目标函数的最大值，这时 $z = 4$。

由此可见,将松弛问题的最优解简单取整之后,一般得不到原整数规划的最优解,甚至不能保证是可行解。如果整数规划的可行域是有界的,那么原整数规划的可行解集应该是有限点集,因此,在问题规模不太大的情况下,可以考虑用上文的完全枚举法来求解整数规划。但对于复杂问题而言,这种方法并不是有效的。有时候即使用计算机,也无法在人们可接受的时间内找到最优解。整数规划问题的求解成了运筹学的一大难题。近几十年来,经过艰苦的努力,人们研究出了许多相对有效的算法来解决这个难题,比如分支定界法、割平面法等。从原理上看,这些方法大部分都是基于整数规划和它的松弛问题的关系的。

任务二　整数规划的分支定界法

严格地说,整数规划是非线性问题。因为整数规划的可行解集是由一些离散的非负整数点组成的,而不是一个连续不断的凸集。目前,求解整数规划尚无统一有效的办法。分支定界法是求解整数规划的常用方法,尤其是求解相对比较复杂的整数规划时,应用分支定界法更为有效。

分支定界法是在 20 世纪 60 年代初由 Land Doig 和 Dakin 等人提出的,由于该方法灵活,便于计算机求解,所以它是现在求解整数规划的重要方法。它的基本思想是,先不考虑原整数规划问题中的整数性约束,去解其相应的松弛问题。对于最大化问题,松弛问题的最优值就是原问题最优值的上界。如果松弛问题的最优解满足整数性约束,则它就是原问题的最优解。否则,就在不满足整数约束的变量中,任意选择 $x_i = b_i$,设 $[b_i]$ 是不超过 b_i 的最大整数,将新的约束条件 $x_i \leqslant [b_i]$ 和 $x_i \geqslant [b_i]+1$ 分别加入原问题中,把原问题分支为两个子问题,并分别求解子问题的松弛问题。若子问题的松弛问题的最优解满足整数约束,则不再分支,其相应的目标函数值就是原问题目标函数值的一个下界。对不满足整数约束的子问题,如果需要,继续按上述方法进行新的分支,并分别求解其对应的松弛问题,直至求得原问题的最优解为止。

因此,我们总结**分支定界法的求解步骤**如下。

(1) 先不考虑整数约束,求解整数规划的松弛问题,可能得到以下情况之一:

① 若松弛问题没有可行解,则整数规划也没有可行解,停止计算;

② 若松弛问题有最优解,并符合整数规划的整数条件,则线性规划的最优解即为整数规划的最优解,停止计算;

③ 若松弛问题有最优解,但不符合整数规划的整数条件,转入下一步。

(2) **分支**:从不满足整数条件的基变量中任选一个 x_i 进行分支,它必须满足 $x_i \leqslant [x_i]$ 或 $x_i \geqslant [x_i]+1$ 中的一个,把这两个约束条件加进原问题中,形成两个互不相容的子问题。

(3) **定界**:把满足整数条件各分支的最优目标函数值作为上(下)界,用它来判断分支是保留还是剪支。

(4) **剪支**:把那些子问题的最优值与界值比较,凡不优或不能更优的分支全剪掉,直到每个分支都查清为止。

例 3-2-1 用分支定界法求解。

$$\max z = 4x_1 + 3x_2$$

$$\text{s. t.} \begin{cases} 3x_1 + 4x_2 \leq 12 \\ 4x_1 + 2x_2 \leq 9 \\ x_1, x_2 \geq 0 \\ x_1, x_2 \text{ 取整数} \end{cases}$$

(1) 用单纯形法可解得相应的松弛问题的最优解 $(1.2, 2.1)$，$z = 11.1$，很明显，这个最优解不符合整数条件，我们需要继续分支，并把这个最优值定为各分支的上界。

(2) 选择 $x_1 = 1.2$ 来进行分支，加入条件 $x_1 \leq 1$ 和 $x_1 \geq 2$，得到两个子问题。

$$\max z = 4x_1 + 3x_2 \qquad\qquad \max z = 4x_1 + 3x_2$$

$$\text{s. t.} \begin{cases} 3x_1 + 4x_2 \leq 12 \\ 4x_1 + 2x_2 \leq 9 \\ x_1 \leq 1 \\ x_1, x_2 \geq 0 \\ x_1, x_2 \text{ 取整数} \end{cases} (P_1) \qquad \text{s. t.} \begin{cases} 3x_1 + 4x_2 \leq 12 \\ 4x_1 + 2x_2 \leq 9 \\ x_1 \geq 2 \\ x_1, x_2 \geq 0 \\ x_1, x_2 \text{ 取整数} \end{cases} (P_2)$$

(3) 用单纯形法求得 P_1 的最优解 $(1, 2.25)$，$z = 10.75$，P_2 的最优解 $(2, 0.5)$，$z = 9.5$。没有得到整数解，继续分支。对 P_1 进行分支，加入条件 $x_2 \leq 2$ 和 $x_2 \geq 3$，生出两个子问题。

$$\max z = 4x_1 + 3x_2 \qquad\qquad \max z = 4x_1 + 3x_2$$

$$\text{s. t.} \begin{cases} 3x_1 + 4x_2 \leq 12 \\ 4x_1 + 2x_2 \leq 9 \\ x_1 \leq 1 \\ x_2 \leq 2 \\ x_1, x_2 \geq 0 \\ x_1, x_2 \text{ 取整数} \end{cases} (P_3) \qquad \text{s. t.} \begin{cases} 3x_1 + 4x_2 \leq 12 \\ 4x_1 + 2x_2 \leq 9 \\ x_1 \leq 1 \\ x_2 \geq 3 \\ x_1, x_2 \geq 0 \\ x_1, x_2 \text{ 取整数} \end{cases} (P_4)$$

(4) 用单纯形法可解得相应的 P_3 的最优解 $(1, 2)$，$z = 10$，P_4 的最优解 $(0, 3)$，$z = 9$。P_3 和 P_4 的解都是整数，比较它们对应的目标函数值，显然 P_3 的目标函数值大于 P_4，剪去 P_4 一支，把 P_3 中 $z = 10$ 作为目标函数的下界。

(5) 我们回头看 P_2，在这一支中，可以继续分支以求得整数解。但这一支现在的最优值 $z = 9.5$，也就是说，不管再怎么分，在这一支中求得的目标函数值不可能超过 9.5，因此，也不可能超过 P_3 中求得的 $z = 10$，因此将此支剪去。至此，我们得到了该整数规划的最优解 $x_1 = 1$，$x_2 = 2$，$z = 10$。

用树形图(见图 3-2-1)表示求解这个问题的全过程。

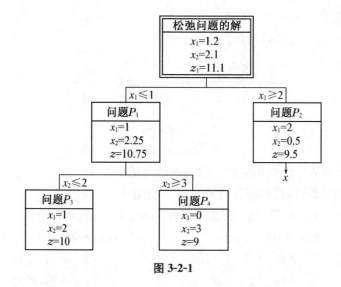

图 3-2-1

任务三 0—1 规划及其求解方法

3.1 0—1 规划问题

0—1 规划是变量只取 0 或 1 的一种特殊形式的整数规划。在实际问题中,诸如开与关、取与舍、有或无等逻辑现象都可以用 0—1 变量来描述。由于 0—1 整数规划在实践中有着广泛的应用和独特的建模技巧,所以在此单独介绍。

例 3-3-1 投资问题 某部门三年内有四项工程可以考虑上马,每项工程的期望收益和年度费用如表 3-3-1 所示。假定每一项已选定的工程要在三年内完成,试确定应该上马哪些工程,方能使该部门可能期望收益最大?

表 3-3-1

工 程	费用(千元)			期望收益
	第一年	第二年	第三年	
1	5	1	8	20
2	4	7	10	40
3	3	9	2	20
4	8	6	10	30
可用资金	18	22	24	

解:这是工程上马的决策问题,对于任一给定的工程而言,它只有两种可能,要么上马,要么不上马,这两种情况分别令它对应二进制中的 0 和 1。大凡这样的实际背景所对

应的工程问题,大都可以考虑用 0—1 规划建立其相应的模型。

$$\text{设 } x_j = \begin{cases} 0, \text{第 } j \text{ 项工程上马} \\ 1, \text{第 } j \text{ 项工程不上马} \end{cases} \quad (j=1,2,3,4)$$

因为每一年的投资不能超过所能提供的资金 18 千元,因此该 0—1 规划的约束条件为

$$\begin{cases} 5x_1+4x_2+3x_3+8x_4 \leqslant 18 \\ x_1+7x_2+9x_3+6x_4 \leqslant 22 \\ 8x_1+10x_2+2x_3+10x_4 \leqslant 24 \\ x_j=0,1 \quad (j=1,2,3,4) \end{cases}$$

由于期望收益尽可能大,所以目标函数为

$$\max z = 20x_1+40x_2+20x_3+30x_4$$

3.2 0—1 规划的求解

由于 0—1 规划的决策变量只取 0、1 两个值,除了能用一般整数规划的求解方法,例如分支定界法来求解之外,还有其特殊的解法。下面介绍求解 0—1 规划的**完全枚举法**和**隐枚举法**。

3.2.1 完全枚举法

解 0—1 规划时,一种最自然的思路是检查变量的每一个取值,比较目标函数值的大小,以求得最优解。这种方法称为**完全枚举法**。

例 3-3-2 用完全枚举法求解下列 0—1 规划问题。

$$\max z = 3x_1-2x_2+5x_3$$

$$\text{s. t.} \begin{cases} x_1+2x_2-x_3 \leqslant 2 & \quad(1) \\ x_1+4x_2+x_3 \leqslant 4 & \quad(2) \\ x_1+x_2 \leqslant 3 & \quad(3) \\ 4x_2+x_3 \leqslant 6 & \quad(4) \\ x_1,x_2,x_3=0 \text{ 或 } 1 \end{cases}$$

(x_1,x_2,x_3) 共有 8 种不同的组合,把各种组合下目标函数和约束条件左端的值列入表 3-3-2 中。

表 3-3-2

(x_1,x_2,x_3)	约束条件				满足条件	z 值
	(1)	(2)	(3)	(4)	是✓否✗	
$(0,0,0)$	0	0	0	0	✓	0
$(0,0,1)$	-1	1	0	1	✓	5
$(0,1,0)$	2	4	1	4	✓	-2

(x_1,x_2,x_3)	约束条件				满足条件	z值
	(1)	(2)	(3)	(4)	是√否×	
(1,0,0)	1	1	1	0	√	3
(0,1,1)	1	5	1	5	×	
(1,0,1)	0	2	1	1	√	8
(1,1,0)	3	5	2	4	×	
(1,1,1)	2	6	2	5	×	

由表可知,该问题的可行解为(0,0,0)、(0,0,1)、(0,1,0)、(1,0,0)、(1,0,1),最优解为(1,0,1),最优值为8。

3.2.2 隐枚举法

枚举法可以解决一些0—1规划问题,可是当变量个数比较多的时候,枚举法的计算量明显增大。这时,我们需要找到一种方法,只检查变量取值的部分组合,就能求得问题的最优解。这种方法称为隐枚举法。

用隐枚举法来求解例 3-3-2。

解: 先用试探的方法,找到一个满足所有约束条件的解,如(0,0,1),算出其 z 值等于5。也就是说,要求的最优值一定不会小于5。所以,可以增加一个约束条件 $3x_1-2x_2+5x_3 \geqslant 5$,凡是目标函数值小于5的组合不必讨论,这时就得到了一个更简单的表 3-3-3。

表 3-3-3

(x_1,x_2,x_3)	约束条件					满足条件	z值
	(0)	(1)	(2)	(3)	(4)	是√否×	
(0,0,0)	0					×	
(0,0,1)	5	−1	1	0	1	√	5
(0,1,0)	−2					×	
(1,0,0)	3					×	
(0,1,1)	3					×	
(1,0,1)	8	0	2	1	1	√	8
(1,1,0)	1					×	
(1,1,1)	4					×	

从表 3-3-3 可以看出,最优解为(1,0,1),最优值为8。隐枚举法是对枚举法的一种简化,而这两种方法的主导思想是趋于一致的。

任务四　指派问题及其求解方法

指派问题又称分配问题,是一类特殊的 0—1 规划,也是一类特殊的整数规划。指派问题研究如何进行最优安排,使花费的时间、资源最少,或取得的收益最高。

4.1　指派问题的数学模型

n 个人被分配去做 n 件工作,已知第 i 个人去做第 j 件工作的效率为 $c_{ij}(i=1,2,\cdots,n;j=1,2,\cdots,n)$ 并假设 $c_{ij}\geqslant 0$。问应如何分配才能使总效率(时间或费用)最高?

设决策变量

$$x_{ij}=\begin{cases}1 & \text{分配第 } i \text{ 个人去做第 } j \text{ 件工作} \\ 0 & \text{相反}\end{cases} \qquad (i,j=1,2,\cdots,n)$$

那么

$$\min z = \sum_{i=1}^{n}\sum_{j=1}^{n} c_{ij}x_{ij}$$

$$\text{s. t.}\begin{cases}\sum_{j=1}^{n} x_{ij}=1 & (i=1,2,\cdots,n) \\ \sum_{i=1}^{n} x_{ij}=1 & (j=1,2,\cdots,n) \\ x_{ij}=0 \text{ 或 } 1 & (i,j=1,2,\cdots,n)\end{cases}$$

例 3-4-1　有一份中文说明书,需翻译成英、日、德、俄四种文字,分别记作 E、J、G、R,现有甲、乙、丙、丁四人,他们将中文说明书翻译成英、日、德、俄四种文字所需时间如表 3-4-1 所示,问应该如何分配工作,使所需总时间最少?

表 3-4-1

人员＼任务	E	J	G	R
甲	2	15	13	4
乙	10	4	14	15
丙	9	14	16	13
丁	7	8	11	9

解:建立模型:引入 0—1 变量,$x_{ij}=1$ 表示分配第 i 人去完成第 j 项任务,$x_{ij}=0$ 表示不分配第 i 人去完成第 j 项任务。

设 $x_{ij}\begin{cases}1 & \text{分配第 } i \text{ 个人去做第 } j \text{ 件工件} \\ 0 & \text{相反}\end{cases} \qquad (i,j=1,2,\cdots,n)$

$$\min z = 2x_{11} + 10x_{12} + 9x_{13} + 7x_{14} + 15x_{21} + 4x_{22} + 14x_{23} + 8x_{24} + 13x_{31} + 14x_{32} +$$
$$16x_{33} + 11x_{34} + 4x_{41} + 15x_{42} + 13x_{43} + 9x_{44}$$

$$\text{s. t.} \begin{cases} x_{11} + x_{12} + x_{13} + x_{14} = 1 \\ x_{21} + x_{22} + x_{23} + x_{24} = 1 \\ x_{31} + x_{32} + x_{33} + x_{34} = 1 \\ x_{41} + x_{42} + x_{43} + x_{44} = 1 \\ x_{11} + x_{21} + x_{31} + x_{41} = 1 \\ x_{12} + x_{22} + x_{32} + x_{42} = 1 \\ x_{13} + x_{23} + x_{33} + x_{43} = 1 \\ x_{14} + x_{24} + x_{34} + x_{44} = 1 \\ x_{ij} \geqslant 0 \quad (i = 1, 2, 3, 4; j = 1, 2, 3, 4) \end{cases}$$

4.2 匈牙利法

1955 年,库恩提出了指派问题的解法,他引用了匈牙利数学家康尼格一个关于矩阵中 0 元素的定理:系数矩阵中独立 0 元素的最多个数等于能覆盖所有 0 元素的最少直线数,这个解法也就成了匈牙利法。

匈牙利法的解题步骤如下。

第一步:使分配问题的系数矩阵经变换,在各行各列中都出现 0 元素。

(1) 从系数矩阵的每行元素减去该行的最小元素。

(2) 再从所得系数矩阵的每列元素减去该列的最小元素。若某行或某列已经有 0 元素,就不必再减了。

第二步:进行试分配,以寻找最优解。

(1) 从只有一个 0 元素的行(或列)开始,给这个 0 元素加括号,然后划去它所在的列(或行)的其他 0 元素。

(2) 给只有一个 0 元素的列(或行)的 0 元素加括号,然后划去它所在的行(或列)的其他 0 元素。

反复进行上述两步,直到所有的 0 元素都被加了括号或者被划掉为止。

(3) 若还有没有加括号的 0 元素,且同行(或列)的 0 元素至少有两个,从剩有 0 元素最少的行(或列)开始,比较这行各 0 元素所在列中 0 元素的数目,选择 0 元素少的那列的 0 元素加括号,然后划掉同行同列的其他 0 元素,可反复进行,直到所有的 0 元素都加了括号或者划掉为止。

(4) 若加括号的 0 元素的数目 m 等于矩阵阶数 n,那么这个分配问题的最优解已得到。若 $m < n$,则转下一步。

第三步:作最少的直线覆盖所有的 0 元素,以确定该系数矩阵中能找到最多的独立元素数。

(1) 对没有加括号 0 元素的行,打 √。

(2) 对已打 √ 行中所有含 0 元素的列打 √。

（3）再对打√列中含加括号的 0 元素的行打√。

（4）重复上述两步，直到得不出新的打√行列为止。

（5）对没有打√行画横线，有打√列画纵线，就得到覆盖所有 0 元素的最少直线数。

第四步：在没有被直线覆盖的部分中找出最小元素，所有未被直线覆盖的元素都减去该最小元素，位于水平直线与铅直直线交叉处的元素都加上这个最小元素，其余元素保持不变，这样就可以得到新的系数矩阵（它的最优解和原问题相同）。返回第二步，继续寻找最优解，若得到 n 个加括号的 0 元素，则已经得到最优解。否则回到第三步重复进行。

下面通过例子来具体说明匈牙利法的解题步骤。

用匈牙利法求解例 3-4-1。

解： $[c_{ij}] = \begin{bmatrix} 2 & 15 & 13 & 4 \\ 10 & 4 & 14 & 15 \\ 9 & 14 & 16 & 13 \\ 7 & 8 & 11 & 9 \end{bmatrix} \longrightarrow \begin{bmatrix} 0 & 13 & 11 & 2 \\ 6 & 0 & 10 & 11 \\ 0 & 5 & 7 & 4 \\ 0 & 1 & 4 & 2 \end{bmatrix} \longrightarrow \begin{bmatrix} 0 & 13 & 7 & 0 \\ 6 & 0 & 6 & 9 \\ 0 & 5 & 3 & 2 \\ 0 & 1 & 0 & 0 \end{bmatrix}$

从只有一个 0 元素的行（或列）开始，给这个 0 元素加括号，先给 b_{22} 加括号，然后给 b_{31} 加括号，划掉 b_{11} 和 b_{41}，给 b_{14} 加括号，划掉 b_{44}，给 b_{43} 加括号。

$$\begin{bmatrix} \phi & 13 & 7 & (0) \\ 6 & (0) & 6 & 9 \\ (0) & 5 & 3 & 2 \\ \phi & 1 & (0) & \phi \end{bmatrix}$$

可见 $m = n = 4$，得到最优解，最优解为

$$\begin{bmatrix} 0 & 0 & 0 & 1 \\ 0 & 1 & 0 & 0 \\ 1 & 0 & 0 & 0 \\ 0 & 0 & 1 & 0 \end{bmatrix}$$

因此，最后的任务分配为甲译俄文、乙译日文、丙译英文、丁译德文，用以上方案进行任务的分配所需时间最少，最少时间 $z = 28$ 小时。

例 3-4-2 表 3-4-2 中数据表示不同的人承担不同的任务所需要的时间，求该指派问题总时间最少的方案。

表 3-4-2

人员＼任务	A	B	C	D	E
甲	12	7	9	7	9
乙	8	9	6	6	6
丙	7	17	12	14	9
丁	15	14	6	6	10
戊	4	10	7	10	9

解： 按照匈牙利法的第一步，对系数矩阵进行变换。

$$\begin{bmatrix} 12 & 7 & 9 & 7 & 9 \\ 8 & 9 & 6 & 6 & 6 \\ 7 & 17 & 12 & 14 & 9 \\ 15 & 14 & 6 & 6 & 10 \\ 4 & 10 & 7 & 10 & 9 \end{bmatrix} \rightarrow \begin{bmatrix} 5 & 0 & 2 & 0 & 2 \\ 2 & 3 & 0 & 0 & 0 \\ 0 & 10 & 5 & 7 & 2 \\ 9 & 8 & 0 & 0 & 4 \\ 0 & 6 & 3 & 6 & 5 \end{bmatrix}$$

经一次运算即得每行每列都有 0 元素的系数矩阵,再按第二步进行试分配,先给 b_{12} 加括号,划掉 b_{14},然后给 b_{25} 加括号,划掉 b_{23} 和 b_{24},给 b_{31} 加括号,划掉 b_{51},给 b_{44} 加括号,划掉 b_{43} 得到以下矩阵

$$\begin{bmatrix} 5 & (0) & 2 & \phi & 2 \\ 2 & 3 & \phi & \phi & (0) \\ (0) & 10 & 5 & 7 & 2 \\ 9 & 8 & \phi & (0) & 4 \\ \phi & 6 & 3 & 6 & 5 \end{bmatrix}$$

加括号的 0 元素的个数 $m=4$,而 $n=5$,$m<n$,转第四步。

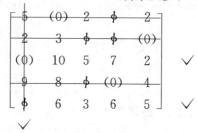

在没有被直线覆盖的部分中找出最小元素 2,所有未被直线覆盖的元素都减去该最小元素,位于水平直线与铅直直线交叉处的元素都加上这个最小元素,其余元素保持不变,这样就可以得到新的系数矩阵(它的最优解和原问题相同)。

$$\begin{bmatrix} 7 & 0 & 2 & 0 & 2 \\ 4 & 3 & 0 & 0 & 0 \\ 0 & 8 & 3 & 5 & 0 \\ 11 & 8 & 0 & 0 & 4 \\ 0 & 4 & 1 & 4 & 3 \end{bmatrix}$$

再根据第二步对上述系数矩阵进行试分配,先给 b_{12} 加括号,划掉 b_{14},然后给 b_{51} 加括号,划掉 b_{31},给 b_{35} 加括号,划掉 b_{25},给 b_{23} 加括号,划掉 b_{43},给 b_{44} 加括号,划掉 b_{24},得到以下矩阵

$$\begin{bmatrix} 7 & (0) & 2 & \phi & 2 \\ 4 & 3 & (0) & \phi & \phi \\ \phi & 8 & 3 & 5 & (0) \\ 11 & 8 & \phi & (0) & 4 \\ (0) & 4 & 1 & 4 & 3 \end{bmatrix}$$

可见 $m=n=5$,得到最优解,最优解为

$$\begin{bmatrix} 0 & 1 & 0 & 0 & 0 \\ 0 & 0 & 1 & 0 & 0 \\ 0 & 0 & 0 & 0 & 1 \\ 0 & 0 & 0 & 1 & 0 \\ 1 & 0 & 0 & 0 & 0 \end{bmatrix}$$

因此,最后的任务分配为甲完成任务 B,乙完成任务 C,丙完成任务 E,丁完成任务 D,戊完成任务 A,用以上方案进行任务的分配所需时间最少,最少时间 $z=32$。

除此之外,有的时候要面对的指派问题是要求最大的利润等最大化问题,但匈牙利法只能求解最小化问题。这时,可以在系数矩阵中找到一个最大的数 M,用 M 减去原矩阵里的每一个元素,得到一个新矩阵,这个矩阵的最小化分配就相当于原矩阵的最大化分配,我们可以在新矩阵中直接使用匈牙利法,这里就不再一一举例了。

任务五 整数规划的软件求解

用 WinQSB 求解整数规划,主要使用到的是该软件的"Linear and Integer Programming"(线性和整数规划)模块。

5.1 整数规划

接下来,用 WinQSB 的 Linear and Integer Programming 模块求解一下例 3-1-1 的问题。

(1) 首先,点击 WinQSB 中的"Linear and Integer Programming",进入初始界面。点击"新建"按钮(即快捷栏中印有网格状的按钮)或"files"里的"New problem",屏幕出现名为"LP-ILP Problem Specification"(问题描述)的工作界面。填入 Problem Title(问题名称):例 3-1-1;Number of Variables(变量个数):2;Number of Constrains(约束条件个数):2,这里的约束条件仍然不包括非负约束和整数约束,所以原模型的约束条件为 2 个;选择 Objective Criterion(目标函数的类型),因为我们题目是求最大值,所以在这里选择 Maximization;选择 Data Entry Format(数据输入格式),我们可以选择 Spreadsheet Matrix Form,即表格输入;最后选择 Default Variable Type(系统默认的变量类型),变量类型与线性规划不同,在这里,我们选择 Nonnegative integer,具体参数见图 3-5-1。

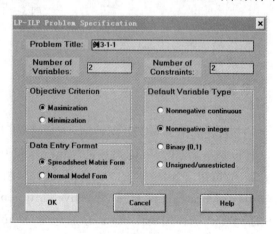

图 3-5-1

(2) 在弹出的窗口中输入数据,见图 3-5-2。

Variable -->	X1	X2	Direction	R. H. S.
Maximize	5	8		
C1	1	1	<=	6
C2	5	9	<=	45
LowerBound	0	0		
UpperBound	M	M		
VariableType	Integer	Integer		

图 3-5-2

(3) 求解。单击"Solve and Analyze—Solve the problem",弹出对话框如图3-5-3所示,点击"确定"。

图 3-5-3

这时,就可以得到计算结果,如图 3-5-4 所示。

00:09:24		Tuesday	May	10	2016
Decision Variable	Solution Value	Unit Cost or Profit c(j)	Total Contribution	Reduced Cost	Basis Status
1 X1	0	5.0000	0	0	basic
2 X2	5.0000	8.0000	40.0000	-1.0000	at bound
Objective	Function	(Max.) =	40.0000		
Constraint	Left Hand Side	Direction	Right Hand Side	Slack or Surplus	Shadow Price
1 C1	5.0000	<=	6.0000	1.0000	0
2 C2	45.0000	<=	45.0000	0	1.0000

图 3-5-4

所以最优解为 $(0,5)$,最优值 $\max z = 40$。

5.2 0—1规划

下面,我们用 WinQSB 求解例 3-3-2 的 0—1 规划。

(1) 首先,点击 WinQSB 中的"Linear and Integer Programming",进入初始界面。点击"新建"按钮或"files"里的"New problem",填入 Problem Title、Number of Variables、Number of Constrains,选择 Objective Criterion,选择数据输入格式 Data Entry Format 中的 Spreadsheet Matrix Form,最后选择 Default Variable Type(系统默认的变量类型),在这里,我们选择 Binary[0,1],如图 3-5-5 所示。

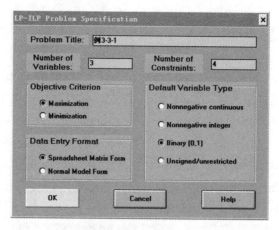

图 3-5-5

（2）在弹出的窗口中输入数据，如图 3-5-6 所示。

Variable -->	X1	X2	X3	Direction	R. H. S.
Maximize	3	-2	5		
C1	1	2	-1	<=	2
C2	1	4	1	<=	4
C3	1	1		<=	3
C4		4	1	<=	6
LowerBound	0	0	0		
UpperBound	1	1	1		
VariableType	Binary	Binary	Binary		

图 3-5-6

（3）求解。单击"Solve and Analyze—Solve the problem"，在弹出的对话框点击确定，得到分析结果，如图 3-5-7 所示。

00:16:13		Tuesday	May	10	2016			
	Decision Variable	Solution Value	Unit Cost or Profit c(i)	Total Contribution	Reduced Cost	Basis Status	Allowable Min. c(i)	Allowable Max. c(i)
1	X1	1.0000	3.0000	3.0000	0	basic	0	M
2	X2	0	-2.0000	0	-2.0000	at bound	-M	0
3	X3	1.0000	5.0000	5.0000	0	basic	0	M
	Objective	Function	(Max.) =	8.0000				
	Constraint	Left Hand Side	Direction	Right Hand Side	Slack or Surplus	Shadow Price	Allowable Min. RHS	Allowable Max. RHS
1	C1	0	<=	2.0000	2.0000	0	0	M
2	C2	2.0000	<=	4.0000	2.0000	0	2.0000	M
3	C3	1.0000	<=	3.0000	2.0000	0	1.0000	M
4	C4	1.0000	<=	6.0000	5.0000	0	1.0000	M

图 3-5-7

5.3 指派问题

下面,我们用 WinQSB 求解例 3-4-1 的指派问题。指派问题和整数规划、0—1 规划的求解不同,它的求解是使用"Network Modeling"(网络建模)模块求解的。

(1) 首先,点击 WinQSB 中的"Network Modeling",进入初始界面。点击"新建"按钮或"files"里的"New problem",在弹出的工作界面中选择 Assignment Problem(分配问题),填入 Problem Title、Number of Objects(人数)、Number of Assignments(任务数),选择 Objective Criterion(目标函数的类型),选择数据输入格式 Data Entry Format 中的 Spreadsheet Matrix Form,单击"OK",如图 3-5-8 所示。

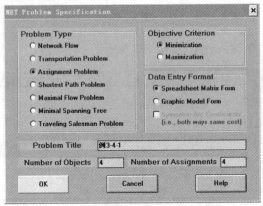

图 3-5-8

在这里,人数和任务数可以不相等。对于最大化指派问题,目标函数的类型要选择 Maximization。

(2) 在弹出的窗口中输入数据,如图 3-5-9 所示。

From \ To	Assignee 1	Assignee 2	Assignee 3	Assignee 4
Assignment 1	2	15	13	4
Assignment 2	10	4	14	15
Assignment 3	9	14	16	13
Assignment 4	7	8	11	9

图 3-5-9

(3) 求解。单击"Solve and Analyze—Solve the problem",得到分析结果,如图3-5-10所示。

05-10-2016	From	To	Assignment	Unit Cost	Total Cost	Reduced Cost
1	Assignment 1	Assignee 4	1	4	4	0
2	Assignment 2	Assignee 2	1	4	4	0
3	Assignment 3	Assignee 1	1	9	9	0
4	Assignment 4	Assignee 3	1	11	11	0
	Total	Objective	Function	Value =	28	

图 3-5-10

任务六 整数规划的应用案例

整数规划的应用也相当广泛,如人员选择问题、生产调度问题、装配线平衡问题等都属于整数规划的范畴。

例 3-6-1 人员安排问题 某服务部门各时段需要的服务人数如表 3-6-1 所示。服务员连续工作 8 小时为一班。现要求安排服务员的工作时间,使该服务部门服务员总数最少。

表 3-6-1

时 段	始末时间	最少服务员数目
1	8:00—10:00	10
2	10:00—12:00	8
3	12:00—14:00	9
4	14:00—16:00	11
5	16:00—18:00	13
6	18:00—20:00	8
7	20:00—22:00	5
8	22:00—24:00	3

例 3-6-2 合理下料问题 设用某型号的圆钢下零件 $A_1, A_2, \cdots, A_m$ 的毛坯。在一根圆钢上下料的方式有 $B_1, B_2, \cdots, B_n$ 种,每种下料方式可以得到各种零件的毛坯数以及每种零件的需要量,如表 3-6-2 所示。试确定怎样安排下料方式,使得既满足需要,所用的原材料又最少。

表 3-6-2

毛坯个数 方式 / 零件	B_1	$\cdots$	B_n	零件需要量
A_1	a_{11}	$\cdots$	a_{1n}	b_1
$\vdots$	$\vdots$	$\vdots$	$\vdots$	$\vdots$
A_m	a_{m1}	$\cdots$	a_{mn}	b_m

例 3-6-3 工厂选址问题 工厂 A_1 和 A_2 生产某种物资。由于该种物质供不应求,需要再建一家工厂,相应的建厂方案有 A_3 和 A_4 两个厂。这种物资的需求地有 B_1、B_2、B_3、B_4 四处,各厂生产能力、各地年需求量、各厂至各地的单位物资运费见表 3-6-3。工厂 A_3 或 A_4 开工后,每年的生产费用估计分别为 1 200 千元或 1 500 千元。现要决定应该建 A_3 还是 A_4,才能使以后每年的总费用(运输费和生产费)最少。

表 3-6-3 （单位：千元/kt）

	B_1	B_2	B_3	B_4	生产能力(kg/年)
A_1	2	9	3	4	400
A_2	8	3	5	7	600
A_3	7	6	1	2	200
A_4	4	5	2	5	200
需求量(kt/年)	350	400	300	150	

例 3-6-4　背包问题　一登山队员做登山准备,他需要携带的物品有食品、氧气袋、冰镐、绳索、帐篷、相机和通信设备,每种物品的重要性系数和重量见表 3-6-4,假定登山队员可携带的最大重量为 25 公斤。

表 3-6-4

序　号	1	2	3	4	5	6	7
物　品	食品	氧气袋	冰镐	绳索	帐篷	相机	通信设备
重　量	5	5	2	6	12	2	4
重要系数	20	15	18	14	8	4	10

任务七　整数规划的应用练习

1. 用分支定界法求解下列整数规划问题。

(1) $\max z = x_1 + x_2$

$$\text{s. t.} \begin{cases} x_1 + \dfrac{9}{14}x_2 \leqslant \dfrac{51}{14} \\ -2x_1 + x_2 \leqslant \dfrac{1}{3} \\ x_1, x_2 \geqslant 0 \text{ 且为整数} \end{cases}$$

(2) $\max z = 2x_1 + 3x_2$

$$\text{s. t.} \begin{cases} -x_1 + x_2 \leqslant 2 \\ 47x_1 + 8x_2 \leqslant 188 \\ 3x_1 + 2x_2 \leqslant 19 \\ x_1, x_2 \geqslant 0 \text{ 且为整数} \end{cases}$$

(3) $\min z = x_1 + 4x_2$

$$\text{s. t.} \begin{cases} 2x_1 + x_2 \leqslant 8 \\ x_1 + 2x_2 \leqslant 6 \\ x_1, x_2 \geqslant 0 \text{ 且为整数} \end{cases}$$

2. 某企业用两种主要零件来组装两种不同的产品,组装 1 件甲产品,需要 2 件 A 零件、9 件 B 零件,可得利润 3 万元;组装 1 件乙产品,需要 11 件 A 零件、8 件 B 零件,可得利润 13 万元。已知企业有 40 件 A 零件、82 件 B 零件,考虑最优的组装方案,使所获利润最大。

3. 某公司可对 5 个项目进行投资,公司决定前两年每年投资 10 万元,后两年每年投资 8 万元。五个项目的投资需求量及相应的得利(单位:万元)情况如表 3-7-1 所示。问应如何进行决策,可使总收益达到最大。

表 3-7-1

年度 ＼ 项目	1	2	3	4	5
第一年	2	4	0	3	2
第二年	2	1	5	3	0
第三年	3	0	4	4	2
第四年	3	3	5	0	2
四年总利润	14	17	15	11	14

4. 分配甲、乙、丙、丁、戊 5 个人去完成 A、B、C、D、E 5 项任务。每个人完成各项任务的时间(小时)见表 3-7-2。问应如何分配任务,方能使完成任务的总时间最少?

表 3-7-2

人员 ＼ 任务	A	B	C	D	E
甲	25	29	31	42	37
乙	39	38	26	20	33
丙	34	27	28	40	32
丁	24	42	36	23	45
戊	26	32	28	38	40

5. 某校篮球队准备从以下 6 名预备队员中选拔 3 名为正式队员,并使平均身高尽可能高。这 6 名预备队员情况见表 3-7-3。

表 3-7-3

预备队员	号 码	身高(cm)	位 置
A	4	193	中锋
B	5	191	中锋
C	6	187	前锋
D	7	186	前锋
E	8	180	后卫
F	9	185	后卫

队员的挑选要满足下列条件:

(1) 至少补充一名后卫队员;

(2) 队员 B 或 E 之间只能入选一名;

(3) 最多补充一名中锋;

(4) 如果队员 B 或 D 入选,E 就不能入选。

试建立此问题的数学模型。

6. 某公司要把 4 个有关能源工程的项目承包给 4 个互不相关的外商投标者,规定每个承包商只能且必须承包一个项目,求在总费用最小的条件下各个项目的承包者是谁,总费用为多少? 各承包商对工程的报价见表 3-7-4。

表 3-7-4

报价(万元)　　　项目 投标者	Ⅰ	Ⅱ	Ⅲ	Ⅳ
甲	15	18	21	24
乙	19	23	22	18
丙	26	17	16	19
丁	19	21	23	17

7. 一服装厂可生产三种服装,生产不同种类的服装要租用不同的设备,设备租金和其他经济参数见表 3-7-5。假定市场供不应求,服装厂每月可用人工工时为 2 000 小时。求该厂如何安排生产,可使每月的利润最大?

表 3-7-5

序号	服装 种类	设备租金 (元)	生产成本 (元/件)	销售价格 (元/件)	人工工时 (小时/件)	设备工时 (小时/件)	设备可用工时 (小时)
1	西服	5 000	280	400	5	3	300
2	衬衫	2 000	30	40	1	0.5	300
3	羽绒服	3 000	200	300	4	2	300

8. 某工厂近期接到一批订单,要安排生产甲、乙、丙、丁 4 种产品,每件产品分别需要原料 A、B、C 中的一种或几种中的若干单位,合同规定要在 15 天内完成,但数量不限。由于 4 种产品都在一种设备上生产,且一台设备同一时间只能加工一件产品。目前,工厂只有一台正在使用中的这种设备(设备1),合同期内可以挤出 3 天来生产这批订单,但是会产生 150 元的机会成本损失;还有一台长期未用的设备(设备2)可以启用,启用时要做必要的检查和修理,费用是 1 000 元;公司还考虑向邻厂租用两台这种设备(设备3 和设备4),由于对方也在统筹使用设备,租期分别只能是 7 天和 12 天,而且租期正好在合同期内,租金分别是 2 000 元和 3 100 元,工厂可决定租一台或两台,或者一台也不租。另外,每种产品如果生产的话会有固定成本和变动成本,这些数据都是已知的,见表 3-7-6。假设每天工作 8 小时(意味着 4 台设备的可用台时分别为 24、120、56、96),并且假设工厂最

多使用这 4 台设备中的 3 台。问工厂如何安排这 4 种产品的产量和利用哪种设备,才可使得在上述资源限制条件下获得的利润最大?

表 3-7-6

	产　品				资源限制			
	甲	乙	丙	丁	设备1	设备2	设备3	设备4
原料 A	4	6	9	0	156			
原料 B	2	0	4	1	94			
原料 C	3	8	0	5	183			
设备台时(小时)	5	7	3	8	24	120	56	96
固定成本(元)	350	400	180	310	150	120	56	96
变动成本(元)	12	14	16	11	—	—	—	—
单位产品价格(元)	120	160	135	95	—			

实训二　整数规划

一、实训项目

整数规划

二、实训目的

(1) 能正确建立整数规划模型;
(2) 能应用分支定界法求解简单的整数规划问题;
(3) 能用隐枚举法求解 0—1 规划问题;
(4) 能应用匈牙利法求解指派问题;
(5) 能应用 WinQSB 软件进行整数规划问题的求解。

三、实训形式与程序

课堂练习加上机操作

四、实训学时

4 个学时

五、实训内容

1. 用分支定界法求解下列整数规划问题:公司计划建两种类型的宿舍,甲种宿舍每栋占地 250 平方米,乙种宿舍每栋占地 400 平方米,该公司拥有土地 3 000 平方米,计划甲种宿舍不超过 8 栋,乙种宿舍不超过 4 栋,甲种宿舍每栋利润为 10 万元,乙种宿舍每栋利润为 20 万元,问甲乙两种类型的宿舍各建多少栋时,能使公司利润最大?(写出具体计算过程,画出分支图。每个分支的求解用 WinQSB 软件)

2. 用隐枚举法求解 0—1 规划:某电冰箱厂正在考虑随后四年内有不同资金要求的投资方案。面对每年有限的资金,工厂领导需要选择最好的方案,使资金预算方案的当前估算净值最大化。每种方案的现金估算净值(现金估算净值为第一年开始时的净现金流的值)、资金需求和四年内拥有的资金见下表。要求按照隐枚举法的步骤求解,最后用 WinQSB 软件核对求解结果是否正确。

	项目(千元)				
	扩建厂房	扩建仓库	更新机器	新产品研制	
现　值	90	40	10	37	总可用成本
第 1 年资金	15	10	10	15	40
第 2 年资金	20	15		10	50
第 3 年资金	20	20		10	40
第 4 年资金	15	5	4	10	35

3. 用匈牙利法求解指派问题:分配甲、乙、丙、丁、戊 5 个人去完成 A、B、C、D、E 5 项任务。每个人完成各项任务的时间见下表,问应如何分配任务,方能使完成任务的总时间最少? 要求按照匈牙利法进行求解,写清楚步骤,最后用 WinQSB 软件核对求解结果是否正确。

	A	B	C	D	E
甲	25	29	31	42	37
乙	39	38	26	20	33
丙	34	27	28	40	32
丁	24	42	36	23	45
戊	26	32	28	38	40

项目四　图与网络分析

教学目标

知识目标	(1) 能正确描述图论的概念、特征； (2) 能正确描述破圈法及避圈法的求解步骤； (3) 能正确描述标号法的求解步骤； (4) 能正确描述扫描法的求解步骤。
技能目标	(1) 能正确完成图论中模型的建立； (2) 能正确应用破圈法和避圈法求解最小支撑树问题； (3) 能正确应用标号法求解最短路问题； (4) 能正确应用标号法求解网络最大流； (5) 能正确应用扫描法求解中国邮递员问题； (6) 能正确应用 WinQSB 软件求解图论相关问题。

学习时间

12 学时

内容简介

图论(graph theory)是运筹学的一个重要分支,它是用图形来描述某些事物之间的某种特定关系,用点代表事物,用连接两点的线表示相应的两个事物之间所具有的关系。图论是应用十分广泛的运筹学分支,它已广泛应用于计算机科学、物理学、化学、社会学、控制论、信息论和管理科学等各个领域。在实际生产、生活和科学研究中,有很多问题可以用图论的理论和方法来解决。例如,在生产组织中,为完成某项生产任务,各工序之间怎样衔接,才能使生产任务完成得既快又好;一个邮递员送信,要走完他负责投递的全部街道,并在完成任务后回到邮局,应该按照怎样的路线走,才能使所走的路程最短;又如各种通信网络的合理架设、交通网络的合理分布等问题,都可以应用图论进行解决。由此可见,图论在数学、工程技术及管理科学等各个领域都起到了至关重要的作用。本章结合实际问题,主要讲解图论的基本概念和常用的求解算法,具体包括最小支撑树问题、最短路问题、最大流问题、中国邮递员问题以及图论相关问题的软件求解和应用案例。

任务一　图与网络的基本概念

【引例】

哥尼斯堡七桥问题:哥尼斯堡城中有一条河叫普雷格尔河,该河中有两个岛,河上有七座桥,如图 4-1-1 所示。当时那里的居民热衷于这样一个问题:一个散步者怎样才能走过七座桥,并且每座桥只走一次,最后又回到出发点?

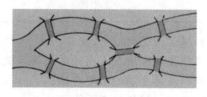

图 4-1-1

1.1　图的基本概念

在实际生活中,人们为了反映一些对象之间的关系,常常在纸上用点和线画出各种各样的示意图。

例 4-1-1　图 4-1-2 是我国北京、上海等 10 个城市之间的铁路交通图,该图反映了这 10 个城市之间的铁路分布情况。图中用点代表城市,用点和点之间的连线代表这两个城市之间的铁路线。诸如此类的还有电话线分布图、煤气管道图和航空线图等。

例 4-1-2　有甲、乙、丙、丁、戊 5 个球队,它们之间比赛的情况也可以用图表示出来。已知甲队和其他各队都比赛过一次,乙队和甲队、丙队比赛过,丙队和甲队、乙队、丁队比赛过,丁队和甲队、丙队、戊队比赛过,戊队和甲队、丁队比赛过。为了反映这个情况,可以用点 v_1、v_2、v_3、v_4、v_5 分别代表这 5 个球队,某两个队之间比赛过,就在这两个队所对应的点之间连一条线,这条线不过其他的点,如图 4-1-3 所示。

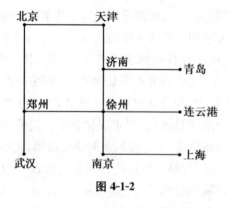

图 4-1-2

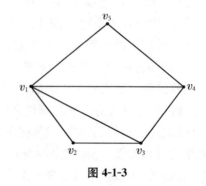

图 4-1-3

例 4-1-3 某单位储存 8 种化学药品,其中某些药品是不能存放在同一个库房里的。为了反映这个情况,可以用点 $v_1, v_2, \cdots, v_8$ 分别代表这 8 种药品,若药品 v_i 和 v_j 是不能存放在同一个库房的,则在 v_i 和 v_j 之间连一条线,如图 4-1-4 所示。从该图中可以看出要存放这 8 种化学药品,至少要有多少个库房。

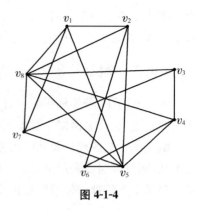

图 4-1-4

从以上几个例子可见,可以用由点及点与点的连线所构成的图,去反映实际生活中某些对象之间的某个特定的关系。通常用点代表研究的对象(如城市、球队、药品等),用点与点的连线表示这两个对象之间有特定的关系(如两个城市间有铁路线、两个球队比赛过、两种药品不能存放在同一个库房里等)。

1.1.1 图

综上所述,一个**图**(graph)是由若干个点及点与点之间的连线所组成的图形。它不按比例画,线段的长短不代表真正的长度,点和线的位置可以任意画。

图中的点称为**顶点**(vertex),点与点之间的连线称为**边**(edge)。

通常我们用 $G = (V, E)$ 表示一个图,其中,V 表示点的集合,E 表示边的集合。一条连接点 v_i 和点 v_j 的边记作 $e = (v_i, v_j)$,v_i、v_j 叫作边 E 的端点。

1.1.2 无向图和有向图

在上述讨论中,并没有标明某点到另一点的方向,在实际生活中,有些情况下从一个点到另一个点的边是有方向的。为了区别起见,把两点之间的不带箭头的连线称为**边**(edge),带箭头的连线称为**弧**(arc)。

如果一个图 G 是由点及边所构成的,则称为**无向图**,记为 $G = (V, E)$,式中 V、E 分别是 G 的点集合和边集合。一条连接点 v_i、$v_j \in V$ 的边记为 $[v_i, v_j]$ 或 $[v_j, v_i]$。

如果一个图 G 是由点及弧所构成的,则称为**有向图**,记为 $G = (V, A)$,式中 V、A 分别是 G 的点集合和弧集合。一条连接点 v_i、$v_j \in V$ 的弧记为 $[v_i, v_j]$。

图 4-1-5 是一个无向图,记为 $G = (V, E)$,其中 $V = \{v_1, v_2, v_3, v_4, v_5\}$,$E = \{e_1, e_2, e_3, e_4, e_5, e_6, e_7\}$,其中:$e_1 = [v_1, v_2]$,$e_2 = [v_2, v_3]$,$e_3 = [v_3, v_4]$,$e_4 = [v_4, v_5]$,$e_5 = [v_5, v_1]$,$e_6 = [v_1, v_3]$,$e_7 = [v_1, v_4]$。

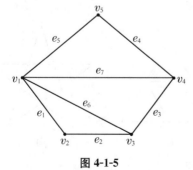

图 4-1-5

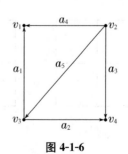

图 4-1-6

图 4-1-6 是一个有向图,记为 $G=(V,A)$,其中 $V=\{v_1,v_2,v_3,v_4\}$,$A=\{a_1,a_2,a_3,a_4,a_5\}$,其中:$a_1=[v_3,v_1]$,$a_2=[v_3,v_4]$,$a_3=[v_2,v_4]$,$a_4=[v_2,v_1]$,$a_5=[v_2,v_3]$。

1.1.3　赋权图

在有些图中,需要标明与边有关的数量,这些数值称为相应边的**权**,边上赋有权的图称为**赋权图**,也称为**网络**。赋权图中的权可以是距离、费用,也可以是时间等。

赋权图在图的理论及其应用方面有着重要的地位。赋权图不仅指出各个点之间的邻接关系,而且同时也表示出各点之间的数量关系,所以,赋权图被广泛应用于解决工程技术及科学生产管理等领域的最优化问题。

1.1.4　点的次数

以点 V 为端点的边的条数,称为点 V 的**次数**,记作 $d(V)$。例如,图 4-1-5 中,$d(v_1)=4$,$d(v_3)=3$。

次数为奇数的点称为**奇点**,次数为偶数的点称为**偶点**,次数为 1 的点称为**悬挂点**,次数为 0 的点称为**孤立点**。

1.1.5　路和回路

图中用两两不同的一串边将两个节点连接起来,叫做一条**路**;如果一条路从某个节点出发经过其他一些节点又回到起点,那么这条路称为**回路**。

在一条回路中,除了端点外,其他顶点都不重复的回路称为**圈**。

1.2　一笔画问题

在本文的案例引入部分,我们引入了哥尼斯堡七桥问题。问题中,要求散步者依次走过七座桥,并且每座桥只走一次,最后又回到出发点。这样的问题可以归结为在一个图中从某一点开始,不重复地一笔画出这个图形(见图 4-1-7),最后回到出发点,我们把这类问题称为一笔画问题。

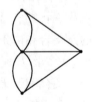

图 4-1-7

那么到底什么样的图形可以一笔画成,什么样的图形不可以一笔画成呢?

我们先来对图 4-1-8 中的几个图形进行试画:

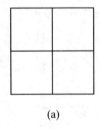
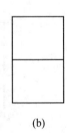
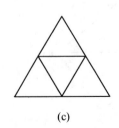

(a)　　　　　(b)　　　　　(c)　　　　　(d)

图 4-1-8

通过试画,我们可以看到,上图中(c)和(d)可以一笔画成,而且从任意点出发可以回到起点,(b)可以一笔画成,能从一个点出发回到另外一个点,(a)不能一笔画成。

通过归纳,我们得出结论:

(1) 如果一个图形中,所有的点都是偶点,则这个图形可以从任意一个点出发一笔画成而且回到起点;

(2) 如果一个图形中,只有两个奇点,其余点都是偶点,则这个图形可以从一个奇点出发一笔画成回到另外一个奇点;

(3) 如果一个图形中,有三个或三个以上的奇点,则这个图不能一笔画成。

通过上述结论,我们再来分析哥尼斯堡七桥问题,在简化图(图4-1-7)中,可以看到图形中有 4 个奇点。因此,我们得到结论:图形不能一笔画成,即一个散步者不能依次走过七座桥,并且每座桥只走一次,最后又回到出发点。

任务二　最小支撑树

【引例】

在现实生活中,经常遇到诸如:在一些车站之间铺设道路的问题,人们在保证各个车站连通的前提下,往往希望铺设道路的总长度最短,这样既能节约费用,又能缩短工期。类似的问题还有:在多个村庄之间修建电网的问题,人们总是希望在各个村庄都通电的前提下,所用供电线路的长度最短。要解决类似问题,事实上就是寻求图的最小支撑树的问题。

例 4-2-1 已知在某个区域有 6 个车站,各个车站的相对位置以及各个车站间的距离见图4-2-1,试求一个能够使各个车站相通,并且铺设的道路总长度最短的方案。

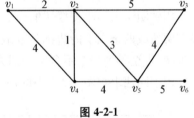

图 4-2-1

2.1　树的基本概念

2.1.1　连通图和非连通图

在一个无向图中,如果从一个顶点到另外一个顶点有一条路,则称这两个顶点之间是连通的,如果图中任意两个顶点之间都有一条路,则称这个图为**连通图**,否则称为**非连通图**。

2.1.2　树

不含圈的连通图称为**树**,记为 T。

请判断下图 4-2-2 中,哪些是树,哪些不是树?

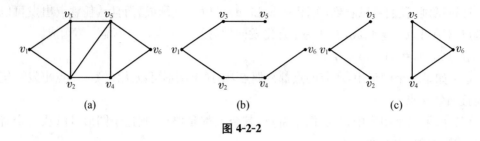

图 4-2-2

通过判断我们可以知道:在上图中,图(a)含有圈,图(c)是非连通图,它们都不是树,唯有图(b)是不含圈的连通图,所以图(b)是树。

2.1.3 支撑树和最小支撑树

如果存在一棵树 T 的全部顶点也是图 G 的全部顶点,则称树 T 是图 G 的一棵**支撑树**。

一个图的支撑树往往不止一棵,我们把树 T 的每条边所赋权值之和称为树 T 的权,我们把一个图中权最小的支撑树称为图 G 的**最小支撑树**。

在有些实际问题中,如果我们要求把各个区域(节点)用边两两相连,同时所有边的权之和最小,就可以转化为求图的最小支撑树问题。

2.2 用破圈法求最小支撑树

用破圈法求最小支撑树的方法:在图中任取一个圈,从圈中去掉一条权最大的边(如果有两条或两条以上的边都是权最大的边,则任意去掉其中一条);在余下的图中,重复这个步骤,直至得到一个不含圈的图为止,这时的图便是最小支撑树。

用破圈法求解图 4-2-1 中的最小支撑树:

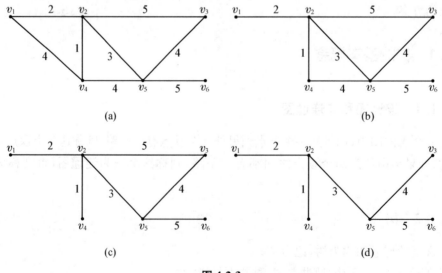

图 4-2-3

首先从图中任取一个回路,如 $v_1 v_2 v_4$,去掉权值最大的边 (v_1,v_4),得图 G_1;从 G_1 中再任取一个回路,如 $v_2 v_4 v_5$,去掉权值最大的边 (v_4,v_5),得图 G_2;从 G_2 中再任取一个回路,如 $v_2 v_3 v_5$,去掉权值最大的边 (v_2,v_3),得图 G_3。图 G_3 为不含圈的图,所以 G_3 就是图 4-2-1的最小支撑树。详细过程见图 4-2-3。

2.3 用避圈法求最小支撑树

用避圈法求最小支撑树的顺序正好跟破圈法相反:开始选一条权最小的边画到图上,以后每一步中,总是从与已选边不构成圈的那些未选边中选一条权最小的边画到图上;在余下的边中,重复这个步骤,直至所有的未选边都判断过为止,这时的图便是最小支撑树。

同样,我们用避圈法求解图 4-2-1 中的最小支撑树:

首先从图中选取权最小的边 (v_2,v_4) 画到图上;在余下的未选边中,权最小的边 (v_1,v_2) 而且这条边跟图上的已选边不会构成圈,把 (v_1,v_2) 画到图上;同样地,在余下的未选边中,权最小的边为 (v_2,v_5) 而且这条边跟图上的已选边不会构成圈,把 (v_2,v_5) 画到图上;继续在余下的未选边中找出权最小的边 (v_1,v_4),(v_4,v_5),(v_3,v_5),在这三条边中只有 (v_3,v_5) 不会跟已选边构成圈,因此,把 (v_3,v_5) 画到图上;最后还有两条未选边 (v_2,v_3) 和 (v_5,v_6),其中 (v_2,v_3) 会跟已选边构成圈,因此,把边 (v_5,v_6) 画到图上。至此图上所有的边都判断过了,所以图(e)就是图 4-2-1 的最小支撑树。详细过程见图 4-2-4。

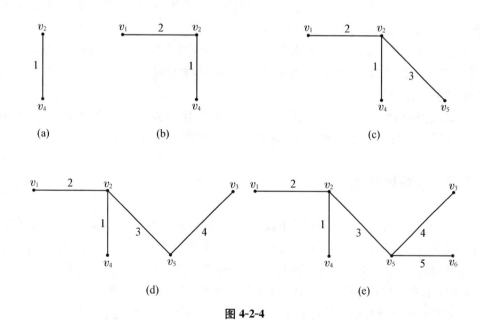

图 4-2-4

任务三 最短路问题

【引例】

最短路问题是图论中最常见的问题之一,在实际的生活实践中被广泛地应用。最短路问题,一般来说就是从给定的网络图中找出任意两点之间距离最短的一条路,这里说的距离只是权数的代称。在实际的网络中,权数也可以是时间、费用等等。

例如,给定连接若干城市的公路网,如图 4-3-1 所示,寻求从指定城市到各城市去的最短路线。

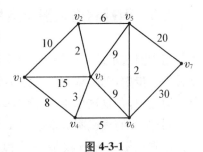

图 4-3-1

3.1 最短路问题

从引例中可以引出最短路问题的概念,给定一个赋权图 $G=(V,A)$,对每一个弧 $a=(v_i,v_j)$,相应的有权 $w(a)=w_{ij}$,又给定 G 中的两个顶点 v_s、v_t,设 P 是 G 中从 v_s 到 v_t 的一条路,定义路 P 的权是 P 中所有弧的权之和,记为 $w(P)$,最短路问题就是要在所有从 v_s 到 v_t 的路中,求一条权最小的路,即求一条从 v_s 到 v_t 的路 P_0 使得

$$w(P_0)=\min w(P)$$

式中对 G 中所有从 v_s 到 v_t 的路 P 中取最小,得到 P_0,称 P_0 是从 v_s 到 v_t 的最短路,路 P_0 的权称为从 v_s 到 v_t 的距离,记为 $d(v_s,v_t)$。

最短路问题是重要的最优化问题之一,它不仅可以直接应用于解决生产实际的许多问题,如管道铺设、线路安排、厂区布局、设备更新等,而且经常被作为一个基本工具,用于解决其他的优化问题。

求最短路有两种算法:一是求从某一点至其他各点之间最短距离的狄克斯托(Dijkstra)算法,另一种是求网络图上任意两点之间最短距离的矩阵算法。

3.2 狄克斯托算法

首先介绍在所有 $w_{ij} \geq 0$ 的情况下,求最短路的方法。当所有的 $w_{ij} \geq 0$ 时,目前公认最好的算法是狄克斯托(E. W. Dijkstra)在 1959 年提出的标号法(又称 Dijkstra 算法)。这个方法可以一次求出从起点 v_s 到任意一点的最短路。它包括两步:第一步是标号过程,确定从 v_s 到 v_t 的最短路的权;第二步是反向追踪,确定最短路线。

标号过程的基本思想是从起点 v_s 出发,逐步地向外探寻最短路。对应任意一点 $v \in V$,标记一个数 $w(v)$(称为这个点的标号),这个数最后将是从 v 到 v_s 的最短路权,这个数可能是临时的(temporary),称之为临时标号(或 T 标号),也可能是确定了的(permanent),称之为永久标号(或 P 标号)。临时标号(或 T 标号)标记当前确定的从起

点 v_s 到这一点的最短路权的上界,意味着 $w(v)$ 值还可以减小;永久标号(或 P 标号)标记从起点 v_s 到这一点的最短路权,意味着 $w(v)$ 的值已达到最小。

标号的步骤如下。

(1) 初始化:令起点 v_s 的标号为 P,记做 $P(s)=0$;令其余各点的标号为 T,记作 $T(i)=+\infty$。

(2) 计算 T 标号:设刚得到 P 标号的点为 v_i,考虑所有与 v_i 相邻的 T 标号点 v_j,修改 v_j 的 T 标号为

$$T(j)=\min[T(j),P(i)+d_{ij}]$$

式中 d_{ij} 为 v_i 到 v_j 弧的权。

(3) 确定 P 标号:在所有的 T 标号点中,找出标号值最小的点标上 P 标号。

(4) 终止判别:

若求从 v_s 到 v_t 的最短路,则当 v_t 标上 P 标号时算法终止,否则回到步骤(2);

若求从 v_s 到所有点的最短路时,当所有点都标上 P 标号时算法终止,否则回到步骤(2)。

标号过程求得了从某一点到另外一点的最短路权,还必须用"反向追踪法"求出最短路线。反向追踪法首先考虑终点 v_t,寻找一点 v_k,使 $P(k)+d_{kt}=P(t)$,记下弧 (v_k,v_t),再考虑点 v_k。重复上述过程,直至到达起点为止。由上面记下的各条弧可得到从 v_s 到 v_t 的最短路线。

下面用狄克斯托算法来求引例中从 v_1 到 v_7 的最短路。

3.2.1　标号过程

(1) 初始化:令起点 v_1 的标号为 P,记做 $P(1)=0$;令其余各点的标号为 T,记作 $T(i)=+\infty$。

(2) 计算 T 标号:刚得到 P 标号的点为 v_1,考虑所有与 v_1 相邻的 T 标号点 v_2、v_3、v_4,修改 v_2、v_3、v_4 的 T 标号为

$T(2)=\min[T(2),P(1)+d_{12}]=\min[+\infty,0+10]=10$

$T(3)=\min[T(3),P(1)+d_{13}]=\min[+\infty,0+15]=15$

$T(4)=\min[T(4),P(1)+d_{14}]=\min[+\infty,0+8]=8$

(3) 确定 P 标号:在所有的 T 标号点中,找出标号值最小的点标上 P 标号。$T(2)=10,T(3)=15,T(4)=8,T(5)=+\infty,T(6)=+\infty,T(7)=+\infty$,令 $P(4)=8$。

(4) 计算 T 标号:刚得到 P 标号的点为 v_4,考虑所有与 v_4 相邻的 T 标号点 v_3、v_6,修改 v_3、v_6 的 T 标号为

$T(3)=\min[T(3),P(4)+d_{43}]=\min[15,8+3]=11$

$T(6)=\min[T(6),P(4)+d_{46}]=\min[+\infty,8+5]=13$

(5) 确定 P 标号:在所有的 T 标号点中,找出标号值最小的点标上 P 标号。$T(2)=10,T(3)=11,T(5)=+\infty,T(6)=13,T(7)=+\infty$,令 $P(2)=10$。

(6) 计算 T 标号:刚得到 P 标号的点为 v_2,考虑所有与 v_2 相邻的 T 标号点 v_3、v_5,修改 v_3、v_5 的 T 标号为

$T(3)=\min[T(3),P(2)+d_{23}]=\min[11,10+2]=11$

$T(5)=\min[T(5),P(2)+d_{25}]=\min[+\infty,10+6]=16$

(7) 确定 P 标号:在所有的 T 标号点中,找出标号值最小的点标上 P 标号。$T(3)=$ 11,$T(5)=16$,$T(6)=13$,$T(7)=+\infty$,令 $P(3)=11$。

(8) 计算 T 标号:刚得到 P 标号的点为 v_3,考虑所有与 v_3 相邻的 T 标号点 v_5、v_6,修改 v_5、v_6 的 T 标号为

$$T(5)=\min[T(5),P(3)+d_{35}]=\min[16,11+9]=16$$
$$T(6)=\min[T(6),P(3)+d_{36}]=\min[13,11+9]=13$$

(9) 确定 P 标号:在所有的 T 标号点中,找出标号值最小的点标上 P 标号。$T(5)=$ 16,$T(6)=13$,$T(7)=+\infty$,令 $P(6)=13$。

(10) 计算 T 标号:刚得到 P 标号的点为 v_6,考虑所有与 v_6 相邻的 T 标号点 v_5、v_7,修改 v_5、v_7 的 T 标号为

$$T(5)=\min[T(5),P(6)+d_{65}]=\min[16,13+2]=15$$
$$T(7)=\min[T(7),P(6)+d_{67}]=\min[+\infty,13+30]=43$$

(11) 确定 P 标号:在所有的 T 标号点中,找出标号值最小的点标上 P 标号。$T(5)$ $=15$,$T(7)=43$,令 $P(5)=15$。

(12) 计算 T 标号:刚得到 P 标号的点为 v_5,考虑所有与 v_5 相邻的 T 标号点 v_7,修改 v_7 的 T 标号为

$$T(7)=\min[T(7),P(5)+d_{57}]=\min[43,15+20]=35$$

(13) 确定 P 标号:在所有的 T 标号点中,找出标号值最小的点标上 P 标号,令 $P(7)=35$。

(14) 终止判别。

本题求从 v_1 到 v_7 的最短路,至此 v_7 已经标上了 P 标号,因此标号过程终止。

3.2.2 反向追踪

(1) 首先考虑终点 v_7,找到点 v_5,$P(5)+d_{57}=P(7)$,记下弧 (v_5,v_7);

(2) 再考虑点 v_5,找到点 v_6,$P(6)+d_{65}=P(5)$,记下弧 (v_6,v_5);

(3) 再考虑点 v_6,找到点 v_4,$P(4)+d_{46}=P(6)$,记下弧 (v_4,v_6);

(4) 再考虑点 v_4,找到点 v_1,$P(1)+d_{14}=P(4)$,记下弧 (v_1,v_4)。

至此,我们找到了从 v_1 到 v_7 的最短路:$v_1 \rightarrow v_4 \rightarrow v_6 \rightarrow v_5 \rightarrow v_7$。

3.3 求任意两点间最短距离的矩阵算法

狄克斯托算法提供了从网络图中某一点到其他点的最短距离,但实际问题中往往要求网络图中任意两点之间的最短距离,如果仍采用狄克斯托算法对各点分别计算,就显得很麻烦。下面介绍求网络图中各点间最短距离的矩阵算法。

矩阵算法的基本思想是:逐步计算两点之间的最短路径为直接到达、经过一个中间点、经过两个中间点、经过三个中间点等的情况,直到找到每两点之间的最短路径为止。

矩阵算法的步骤如下:

(1) 列出图中每两点之间的距离矩阵 $\boldsymbol{D}$,其中 d_{ij} 表示图中两个相邻点 v_i 到 v_j 的距离,若 v_i 与 v_j 不相邻,则 $d_{ij}=+\infty$。

（2）步骤（1）中的距离矩阵表明从 v_i 与 v_j 的直接最短距离，但是从 v_i 与 v_j 的最短路不一定是 $v_i \rightarrow v_j$，也可能是 $v_i \rightarrow v_l \rightarrow v_j$，即从 v_i 与 v_j 的最短路是这两个节点之间有一个中间点，则从 v_i 与 v_j 的最短距离 $d_{ij}^{(1)} = \min\{d_{ir} + d_{rj}\}$，此时得到的矩阵 $\boldsymbol{D}^{(1)}$ 给出了网络中任意两点之间直接到达和包括经过一个中间点时的最短距离。

（3）$\boldsymbol{D}^{(1)}$ 给出了网络中任意两点之间直接到达和包括经过一个中间点时的最短距离，但是从 v_i 与 v_j 的最短路也可能是经过两个或者三个中间点，则再构造矩阵 $\boldsymbol{D}^{(2)}$，令 $d_{ij}^{(2)} = \min\{d_{ir}^{(1)} + d_{rj}^{(1)}\}$，此时得到的矩阵 $\boldsymbol{D}^{(2)}$ 给出了网络中任意两点之间直接到达及包括经过一至三个中间点时的最短距离。

（4）重复上述步骤，一般地，有 $d_{ij}^{(k)} = \min\{d_{ir}^{(k-1)} + d_{rj}^{(k-1)}\}$，矩阵 $\boldsymbol{D}^{(k)}$ 给出网络中任意两点直接到达，经过一个、两个……到 (2^k-1) 个中间点时的最短距离。设网络图有 p 个点，则一般计算到不超过 $\boldsymbol{D}^{(k)}$，k 的值按下式计算：

$$2^{k-1}-1 \leqslant p-2 \leqslant 2^k-1$$

即

$$k-1 < \frac{\lg(p-1)}{\lg 2} \leqslant k$$

如果计算中出现 $\boldsymbol{D}^{(k+1)} = \boldsymbol{D}^{(k)}$ 时，计算也可结束，矩阵 $\boldsymbol{D}^{(k)}$ 中的各个元素值即为各点间的最短距离。

下面用矩阵算法来求引例（图 4-3-1）中每两点之间的最短距离。

（1）列出图中每两点之间的距离矩阵 $\boldsymbol{D}$：

$$\begin{bmatrix} 0 & 10 & 15 & 8 & \infty & \infty & \infty \\ 10 & 0 & 2 & \infty & 6 & \infty & \infty \\ 15 & 2 & 0 & 3 & 9 & 9 & \infty \\ 8 & \infty & 3 & 0 & \infty & 5 & \infty \\ \infty & 6 & 9 & \infty & 0 & 2 & 20 \\ \infty & \infty & 9 & 5 & 2 & 0 & 30 \\ \infty & \infty & \infty & \infty & 20 & 30 & 0 \end{bmatrix}$$

（2）构造矩阵 $\boldsymbol{D}^{(1)}$：

$$\begin{bmatrix} 0 & 10 & 11 & 8 & 16 & 13 & \infty \\ 10 & 0 & 2 & 5 & 6 & 8 & 26 \\ 11 & 2 & 0 & 3 & 8 & 8 & 29 \\ 8 & 5 & 3 & 0 & 7 & 5 & 35 \\ 16 & 6 & 8 & 7 & 0 & 2 & 20 \\ 13 & 8 & 8 & 5 & 2 & 0 & 22 \\ \infty & 26 & 29 & 35 & 20 & 22 & 0 \end{bmatrix}$$

（3）构造矩阵 $\boldsymbol{D}^{(2)}$：

$$\begin{bmatrix} 0 & 10 & 11 & 8 & 15 & 13 & 36 \\ 10 & 0 & 2 & 5 & 6 & 8 & 26 \\ 11 & 2 & 0 & 3 & 8 & 8 & 28 \\ 8 & 5 & 3 & 0 & 7 & 5 & 27 \\ 15 & 6 & 8 & 7 & 0 & 2 & 20 \\ 13 & 8 & 8 & 5 & 2 & 0 & 22 \\ 36 & 26 & 28 & 27 & 20 & 22 & 0 \end{bmatrix}$$

（4）构造矩阵 $D^{(3)}$：

$$\begin{bmatrix} 0 & 10 & 11 & 8 & 15 & 13 & 35 \\ 10 & 0 & 2 & 5 & 6 & 8 & 26 \\ 11 & 2 & 0 & 3 & 8 & 8 & 28 \\ 8 & 5 & 3 & 0 & 7 & 5 & 27 \\ 15 & 6 & 8 & 7 & 0 & 2 & 20 \\ 13 & 8 & 8 & 5 & 2 & 0 & 22 \\ 35 & 26 & 28 & 27 & 20 & 22 & 0 \end{bmatrix}$$

（5）构造矩阵 $D^{(4)}$：

$$\begin{bmatrix} 0 & 10 & 11 & 8 & 15 & 13 & 35 \\ 10 & 0 & 2 & 5 & 6 & 8 & 26 \\ 11 & 2 & 0 & 3 & 8 & 8 & 28 \\ 8 & 5 & 3 & 0 & 7 & 5 & 27 \\ 15 & 6 & 8 & 7 & 0 & 2 & 20 \\ 13 & 8 & 8 & 5 & 2 & 0 & 22 \\ 35 & 26 & 28 & 27 & 20 & 22 & 0 \end{bmatrix}$$

（6）计算出现 $D^{(4)} = D^{(3)}$ 时，计算结束，矩阵 $D^{(4)}$ 中的各个元素值即为引例（图 4-3-1）中各点间的最短距离。

任务四　最大流问题

【引例】

许多系统包含了流量问题。例如，公路系统中有车辆流，控制系统中有信息流，供水系统中有水流，金融系统中有现金流等。

图 4-4-1 是联结某产品产地 v_1 和销地 v_6 的交通网，每一条弧 (v_i, v_j) 代表从 v_i 到 v_j 的运输线，产品经这条弧由 v_i 输送到 v_j，弧旁的数字表示这条运输线的最大通过能力。产品经过交通网从 v_1 输送到 v_6。现在要求制定一个运输方案使从 v_1 输送到 v_6 的产品数量最多。

图 4-4-2 给出了一个运输方案，每条弧旁的数字表示在这个方案中，每条运输线上的运输数量。这个方案使 8 个单位的产品从 v_1 运到 v_6，在这个交通网上输送量是否还可以增多，或者说这个运输网络中，从 v_1 运到 v_6 的最大输送量是多少呢？本节就是要研究类

似这样的问题。

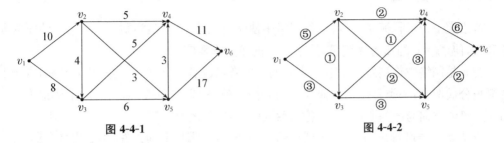

图 4-4-1　　　　　　　　　　　　　　　　　　　　　图 4-4-2

4.1　最大流的基本概念

4.1.1　容量和流量

图 4-4-1 是一个有向图,指定点 v_1 和 v_6 分别称为网络的**发点**和**收点**,其余各点称为**中间点**。弧旁边的数字表示在单位时间内沿指定方向可以通过的最大数量,称为这条弧的**容量**(capacity),弧 (v_i,v_j) 的容量记作 c_{ij}。每一条弧 (v_i,v_j) 上的实际运量叫做这条弧的**流量**(rate of flow),记作 f_{ij}。

在引例中,$c_{12}=10,f_{12}=5,c_{46}=11,f_{46}=6,c_{35}=6,f_{35}=3$。

4.1.2　可行流和最大流

在实际的运输网络中,对于流量有两个明显的要求:一是每个弧上的流量不能超过该弧的最大通过能力(即弧的容量);二是中间点的流量为零。因为对于每个点,运出这点的产品总量与运进这点的产品总量之差是这点的净输出量,简称为这一点的流量;由于中间点只起转运作用,所以中间点的流量必定为零。可见发点的净流出量和收点的净流入量必定相等,也是这个方案的总输送量。因此,我们定义满足下列条件的流 f 称为**可行流**。

(1) 容量限制条件:

对每一条弧 $(v_i,v_j)\in A,0\leqslant f_{ij}\leqslant c_{ij}$。

(2) 平衡条件:

对于中间点,流出量等于流入量,即对每个 $v_i(i\neq s,t)$ 有

$$\sum_{(v_i\cdot v_j)\in A}f_{ij}-\sum_{(v_j\cdot v_k)\in A}f_{jk}=0$$

对于发点 v_s 和收点 v_t 有

$$\sum_{(v_s\cdot v_j)\in A}f_{sj}=\sum_{(v_j\cdot v_t)\in A}f_{jt}=v(f)$$

式中 $v(f)$ 称为这个可行流的流量,即发点的净输出量(或收点的净输入量)。

在一个网络的可行流中,如果存在一个可行流 f^*,使得对于所有的可行流 f 都有

$$v(f^*)\geqslant v(f)$$

则称 f^* 为该网络的**最大流**。

4.1.3　增广链

若给定一个可行流 $f=\{f_{ij}\}$,称网络中使 $f_{ij}=c_{ij}$ 的弧为**饱和弧**,使 $f_{ij}<c_{ij}$ 的弧为**非饱和弧**,使 $f_{ij}=0$ 的弧为**零流弧**,使 $f_{ij}>0$ 的弧为**非零流弧**。

若 u 是网络中连接发点 v_s 和收点 v_t 的一条链,我们定义链的方向是从 v_s 到 v_t,则链上的弧被分成两类:一类是弧的方向与链的方向一致,称为**前向弧**,前向弧的全体记为 u^+。另一类弧的方向与链的方向相反,称为**后向弧**,后向弧的全体记为 u^-。

设 f 是一个可行流,u 是从 v_s 到 v_t 的一条链,若 u 满足下列条件,称之为**增广链**:

(1) 在弧 $(v_i,v_j)\in u^+$ 上,$0\leqslant f_{ij}<c_{ij}$,即 u^+ 中每一条弧都是非饱和弧;

(2) 在弧 $(v_i,v_j)\in u^-$ 上,$0\leqslant f_{ij}\leqslant c_{ij}$,即 u^- 中每一条弧都是非零流弧。

事实上,对一个网络的可行流 f^* 是最大流的充要条件是不存在关于 f^* 的增广链。

4.2　最大流的标号法

从一个可行流出发(若网络中没有给定 f,则可以设 f 是零流),经过标号过程与调整过程来完成,具体的过程如下。

4.2.1　标号过程

对于网络中的点分为标号点和未标号点两种情况,每个标号点的标号都包括两部分内容:第一个标号表明其标号是从哪一点得到的,以便找到增广链;第二个标号是调整量 θ,为确定增广链用。

(1) 对起点 v_s,先给出标号 $(0,+\infty)$,此时 v_s 是标号而未检查的点,其他点都是未标号点。

(2) 取一个标号而未检查的点 v_i,对于一切未标号点 v_j:

如果在弧 (v_i,v_j) 上有 $f_{ij}<c_{ij}$,则给 v_j 标号 $(v_i,l(v_j))$,其中 $l(v_j)=\min\{l(v_i),c_{ij}-f_{ij}\}$,此时的点 v_j 已标号但未检查;

如果在弧 (v_j,v_i) 上有 $f_{ji}\leqslant 0$,则给 v_j 标号 $(v_i,l(v_j))$,其中 $l(v_j)=\min\{l(v_i),f_{ji}\}$,此时的点 v_j 已标号但未检查。

(3) 当第(2)步完成后,点 v_i 成为标号且已检查过的点,重复上面的步骤(2),如果终点 v_t 也被标号,则表明得到一条从起点 v_s 到终点 v_t 的增广链 μ,转入下面的调整过程。

(4) 如果所有标号的点都已检查过,而标号过程不能再进行时,算法结束,此时的可行流就是最大流。

4.2.2　调整过程

(1) 按 v_t 及其他点的第一个标号利用"反向追踪"的方法,找出增广链 μ、v_t 的第一个标号为 v_k(或 $-v_k$),则弧 (v_k,v_t)(或 (v_t,v_k))是增广链 μ 上的弧。

(2) 然后再检查点 v_k 的第一个标号,如果为 v_i(或 $-v_i$),则弧 (v_i,v_k)(或 (v_k,v_i))是增广链 μ 上的弧。

(3) 再检查点 v_i 的第一个标号,依此类推下去,直到 v_s 为止,此时找出的弧就是增广链 μ。

（4）找到增广链后，令调整量 $\theta=l(v_t)$，即为 v_t 的第二个标号

$$f'_{ij}=\begin{cases} f_{ij}+\theta & (v_i,v_j)\in\mu^+ \\ f_{ij}-\theta & (v_i,v_j)\in\mu^- \\ f_{ij} & (v_i,v_j)\notin\mu \end{cases}$$

（5）去掉前面的所有标号，对新的可行流 $f'=\{f_{ij}\}$ 重新标号，即重新进行标号。

下面用标号法求引例（图 4-4-2）所示网络的最大流。

首先把图 4-4-2 用标号法的标准形式表示，见下图 4-4-3：

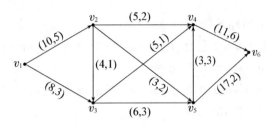

图 4-4-3

1. 标号过程

（1）对起点 v_1，先给出标号 $(0,+\infty)$。

（2）检查 v_1，在弧 (v_1,v_2) 上有 $f_{12}<c_{12}$，则给 v_2 标号 $(v_1,l(v_2))$，其中 $l(v_2)=\min\{l(v_1),c_{12}-f_{12}\}=\min\{+\infty,10-5\}=5$。

（3）检查 v_2，在弧 (v_2,v_4) 上有 $f_{24}<c_{24}$，则给 v_4 标号 $(v_2,l(v_4))$，其中 $l(v_4)=\min\{l(v_2),c_{24}-f_{24}\}=\min\{5,5-2\}=3$。

（4）检查 v_4，在弧 (v_4,v_6) 上有 $f_{46}<c_{46}$，则给 v_6 标号 $(v_4,l(v_6))$，其中 $l(v_6)=\min\{l(v_4),c_{46}-f_{46}\}=\min\{3,11-6\}=3$。终点 v_6 已被标号，标号结果见下图 4-4-4。得到一条从起点 v_1 到终点 v_6 的增广链 μ 后，转入下面的调整过程。

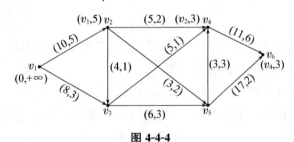

图 4-4-4

2. 调整过程

（1）按 v_6 及其他点的第一个标号利用"反向追踪"的方法，找出增广链 μ、v_6 的第一个标号为 v_4，则弧 (v_4,v_6) 是增广链 μ 上的弧。

（2）然后再检查点 v_4 的第一个标号为 v_2，则弧 (v_2,v_4) 是增广链 μ 上的弧。

（3）再检查点 v_2 的第一个标号为 v_1，则弧 (v_1,v_2) 是增广链 μ 上的弧。

（4）找到增广链 $(v_1—v_2—v_4—v_6)$ 后，令调整量 $\theta=l(v_6)=3$，在 μ 上调整 f

$$f_{12}+\theta=5+3=8, f_{24}+\theta=2+3=5, f_{46}+\theta=6+3=9$$

至此，得到新的网络图，见图 4-4-5。

（5）去掉前面的所有标号，对新的可行流 $f'=\{f_{16}\}$ 重新标号，即重新进行标号。

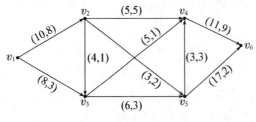

图 4-4-5

3. 标号过程

(1) 对起点 v_1,先给出标号$(0,+\infty)$。

(2) 检查 v_1,在弧(v_1,v_2)上有 $f_{12}<c_{12}$,则给 v_2 标号$(v_1,l(v_2))$,其中 $l(v_2)=$ $\min\{l(v_1),c_{12}-f_{12}\}=\min\{+\infty,10-8\}=2$。

(3) 检查 v_2,在弧(v_2,v_5)上有 $f_{25}<c_{25}$,则给 v_5 标号$(v_2,l(v_5))$,其中 $l(v_5)=$ $\min\{l(v_2),c_{25}-f_{25}\}=\min\{2,3-2\}=1$。

(4) 检查 v_5,在弧(v_5,v_6)上有 $f_{56}<c_{56}$,则给 v_6 标号$(v_5,l(v_6))$,其中 $l(v_6)=$ $\min\{l(v_5),c_{56}-f_{56}\}=\min\{1,17-2\}=1$。终点 v_6 已被标号,标号结果见下图 4-4-6。得到一条从起点 v_1 到终点 v_6 的增广链 μ 后,转入下面的调整过程。

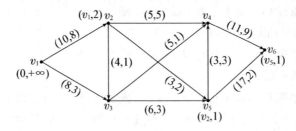

图 4-4-6

4. 调整过程

(1) 按 v_6 及其他点的第一个标号利用"反向追踪"的方法,找出增广链 μ、v_6 的第一个标号为 v_5,则弧(v_5,v_6)是增广链 μ 上的弧。

(2) 然后再检查点 v_5 的第一个标号为 v_2,则弧(v_2,v_5)是增广链 μ 上的弧。

(3) 再检查点 v_2 的第一个标号为 v_1,则弧(v_1,v_2)是增广链 μ 上的弧。

(4) 找到增广链$(v_1—v_2—v_5—v_6)$后,令调整量 $\theta=l(v_6)=1$,在 μ 上调整 f

$$f_{12}+\theta=8+1=9,\quad f_{25}+\theta=2+1=3,\quad f_{56}+\theta=2+1=3$$

至此,得到新的网络图,见图 4-4-7。

(5) 去掉前面的所有标号,对新的可行流 $f'=\{f_{16}\}$ 重新标号,即重新进行标号。

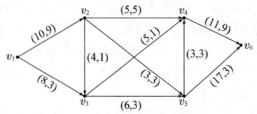

图 4-4-7

5. 标号过程

(1) 对起点 v_1，先给出标号 $(0,+\infty)$。

(2) 检查 v_1，在弧 (v_1,v_2) 上有 $f_{12}<c_{12}$，则给 v_2 标号 $(v_1,l(v_2))$，其中 $l(v_2)=\min\{l(v_1),c_{12}-f_{12}\}=\min\{+\infty,10-9\}=1$。

(3) 检查 v_2，在弧 (v_2,v_3) 上有 $f_{23}<c_{23}$，则给 v_3 标号 $(v_2,l(v_3))$，其中 $l(v_3)=\min\{l(v_2),c_{23}-f_{23}\}=\min\{1,4-1\}=1$。

(4) 检查 v_3，在弧 (v_3,v_5) 上有 $f_{35}<c_{35}$，则给 v_5 标号 $(v_3,l(v_5))$，其中 $l(v_5)=\min\{l(v_3),c_{35}-f_{35}\}=\min\{1,6-3\}=1$。

(5) 检查 v_5，在弧 (v_5,v_6) 上有 $f_{56}<c_{56}$，则给 v_6 标号 $(v_5,l(v_6))$，其中 $l(v_6)=\min\{l(v_5),c_{56}-f_{56}\}=\min\{1,17-3\}=1$。

终点 v_6 已被标号，标号结果见下图 4-4-8。得到一条从起点 v_1 到终点 v_6 的增广链 μ 后，转入下面的调整过程。

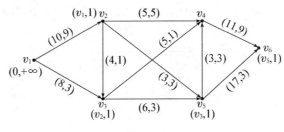

图 4-4-8

6. 调整过程

(1) 按 v_6 及其他点的第一个标号利用"反向追踪"的方法，找出增广链 μ、v_6 的第一个标号为 v_5，则弧 (v_5,v_6) 是增广链 μ 上的弧。

(2) 然后再检查点 v_5 的第一个标号为 v_3，则弧 (v_3,v_5) 是增广链 μ 上的弧。

(3) 再检查点 v_3 的第一个标号为 v_2，则弧 (v_2,v_3) 是增广链 μ 上的弧。

(4) 再检查点 v_2 的第一个标号为 v_1，则弧 (v_1,v_2) 是增广链 μ 上的弧。

(5) 找到增广链 $(v_1-v_2-v_3-v_5-v_6)$ 后，令调整量 $\theta=l(v_6)=1$，在 μ 上调整 f

$$f_{12}+\theta=9+1=10，f_{23}+\theta=1+1=2，f_{35}+\theta=3+1=4，f_{56}+\theta=3+1=4$$

至此，得到新的网络图，见图 4-4-9。

(6) 去掉前面的所有标号，对新的可行流 $f'=\{f_{16}\}$ 重新标号，即重新进行标号。

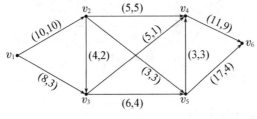

图 4-4-9

7. 标号过程

(1) 对起点 v_1，先给出标号 $(0,+\infty)$。

(2) 检查 v_1，在弧 (v_1,v_3) 上有 $f_{13}<c_{13}$，则给 v_3 标号 $(v_1,l(v_3))$，其中 $l(v_3)=\min\{l(v_1),c_{13}-f_{13}\}=\min\{+\infty,8-3\}=5$。

(3) 检查 v_3，在弧 (v_3,v_5) 上有 $f_{35}<c_{35}$，则给 v_5 标号 $(v_3,l(v_5))$，其中 $l(v_5)=\min\{l(v_3),c_{35}-f_{35}\}=\min\{5,6-4\}=2$。

(4) 检查 v_5，在弧 (v_5,v_6) 上有 $f_{56}<c_{56}$，则给 v_6 标号 $(v_5,l(v_6))$，其中 $l(v_6)=\min\{l(v_5),c_{56}-f_{56}\}=\min\{2,17-4\}=2$。

终点 v_6 已被标号，标号结果见下图 4-4-10。得到一条从起点 v_1 到终点 v_6 的增广链 μ 后，转入下面的调整过程。

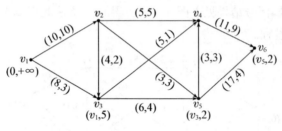

图 4-4-10

8. 调整过程

(1) 按 v_6 及其他点的第一个标号利用"反向追踪"的方法，找出增广链 μ，v_6 的第一个标号为 v_5，则弧 (v_5,v_6) 是增广链 μ 上的弧。

(2) 然后再检查点 v_5 的第一个标号为 v_3，则弧 (v_3,v_5) 是增广链 μ 上的弧。

(3) 再检查点 v_3 的第一个标号为 v_1，则弧 (v_1,v_3) 是增广链 μ 上的弧。

(4) 找到增广链 $(v_1-v_3-v_5-v_6)$ 后，令调整量 $\theta=l(v_6)=2$，在 u 上调整 f
$$f_{13}+\theta=3+2=5,\ f_{35}+\theta=4+2=6,\ f_{56}+\theta=4+2=6$$
至此，得到新的网络图，见图 4-4-11。

(5) 去掉前面的所有标号，对新的可行流 $f'=\{f_{16}\}$ 重新标号，即重新进行标号。

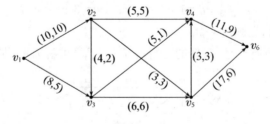

图 4-4-11

9. 标号过程

(1) 对起点 v_1，先给出标号 $(0,+\infty)$。

(2) 检查 v_1，在弧 (v_1,v_3) 上有 $f_{13}<c_{13}$，则给 v_3 标号 $(v_1,l(v_3))$，其中 $l(v_3)=\min\{l(v_1),c_{13}-f_{13}\}=\min\{+\infty,8-5\}=3$。

（3）检查 v_3，在弧 (v_3, v_4) 上有 $f_{34} < c_{34}$，则给 v_4 标号 $(v_3, l(v_4))$，其中 $l(v_4) =$ $\min\{l(v_3), c_{34} - f_{34}\} = \min\{3, 5-1\} = 3$。

（4）检查 v_4，在弧 (v_4, v_6) 上有 $f_{46} < c_{46}$，则给 v_6 标号 $(v_4, l(v_6))$，其中 $l(v_6) =$ $\min\{l(v_4), c_{46} - f_{46}\} = \min\{3, 11-9\} = 2$。

终点 v_6 已被标号，标号结果见下图 4-4-12。得到一条从起点 v_1 到终点 v_6 的增广链 μ 后，转入下面的调整过程。

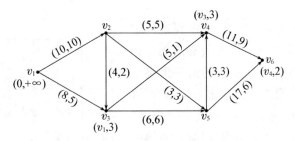

图 4-4-12

10. 调整过程

（1）按 v_6 及其他点的第一个标号利用"反向追踪"的方法，找出增广链 μ、v_6 的第一个标号为 v_4，则弧 (v_4, v_6) 是增广链 μ 上的弧。

（2）然后再检查点 v_4 的第一个标号为 v_3，则弧 (v_3, v_4) 是增广链 μ 上的弧。

（3）再检查点 v_3 的第一个标号为 v_1，则弧 (v_1, v_3) 是增广链 μ 上的弧。

（4）找到增广链 $(v_1—v_3—v_4—v_6)$ 后，令调整量 $\theta = l(v_6) = 2$，在 u 上调整 f
$$f_{13} + \theta = 5 + 2 = 7, \quad f_{34} + \theta = 1 + 2 = 3, \quad f_{46} + \theta = 9 + 2 = 11$$
至此，得到新的网络图，见图 4-4-13。

（5）去掉前面的所有标号，对新的可行流 $f' = \{f_{16}\}$ 重新标号，即重新进行标号。

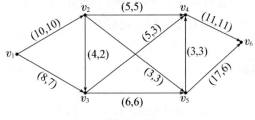

图 4-4-13

11. 标号过程

（1）对起点 v_1，先给出标号 $(0, +\infty)$。

（2）检查 v_1，在弧 (v_1, v_3) 上有 $f_{13} < c_{13}$，则给 v_3 标号 $(v_1, l(v_3))$，其中 $l(v_3) =$ $\min\{l(v_1), c_{13} - f_{13}\} = \min\{+\infty, 8-7\} = 1$。

（3）检查 v_3，在弧 (v_3, v_4) 上有 $f_{34} < c_{34}$，则给 v_4 标号 $(v_3, l(v_4))$，其中 $l(v_4) =$ $\min\{l(v_3), c_{34} - f_{34}\} = \min\{1, 5-3\} = 1$。

（4）检查 v_4，在弧 (v_4, v_6) 上 $f_{46} = c_{46}$。

（5）检查 v_5，在弧 (v_3, v_5) 上 $f_{35} = c_{35}$。

由此可见,当给 v_3 标号后,再也无法扩大标号的范围,说明图 4-4-13 所示的可行流已无可改进路,这个可行流就是最大流,最大流量 $f=10+7=17$。

任务五　旅行商问题

【引例】

丹·帕普是个珠宝推销员,他需要走访中西部的店铺,图 4-5-1 列出了他负责的某个销售区域,他的工作方式是在走访的前一天晚上来到这个地区,住在当地的汽车旅馆里,花两天时间走访这个地区,随后在第三天早上离开。由于是自己付费,他希望总成本能够最小,第一天他要走访第一至第九位客户,第二天走访其余的客户,他有两个方案可供选择:

方案 1　三个晚上都住在汽车旅馆 M_2 中,住宿费是每晚 49 美元。

方案 2　前两晚住在汽车旅馆 M_1 中,走访客户 1～9,住宿费为每晚 40 美元,随后搬到汽车旅馆 M_3 住一晚,走访客户 10～18,住宿费是每晚 45 美元。在走访客户 1～9 后,推销员回到 M_1,在此过夜,随后搬到 M_3 并走访客户 10～18,之后回到 M_3 过夜并与次日早晨离开,

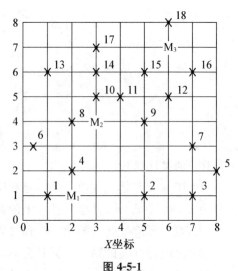

图 4-5-1

比例尺:1 格表示 5 英里
珠宝推销员问题中客户(**X**)和汽车旅馆(**Y**)的位置

M_1 和 M_3 相距 36 英里,不管丹在这个地区的哪个地方,旅行成本都是 0.3 美元/英里。

请帮丹选择一下,方案 1 和方案 2 哪个更好?

5.1　旅行商问题

旅行商问题(travel salesman problem,TSP)是指有一个旅行推销员想去若干城镇去推销商品,而每个城镇仅能经过一次,然后回到他的出发地。给定各城镇之间所需要的旅行时间(距离或成本)后,试问该推销员应怎样安排他的旅行路线,使他对每个城市恰好经过一次的时间最短(距离最小或成本最低)?

旅行商问题类似于物流中的配送路线问题。当企业用自有车辆运输时,车辆往往要回到起点,比较常见的情况是车辆从配送中心出发到指定的配送点送货并回到配送中心。要解决这类问题,就需要找到一个走遍所有地点的最佳顺序,以求运行时间或距离最小化。

TSP 问题是图论中的一个经典问题,用图论的语言描述就是:在赋权图中,寻找一条经过所有节点,并回到原点的最短路。

5.2 旅行商问题的求解算法

求解 TSP 模型时,如果要得到精确的最优解,最简单的方法就是穷举法。对于节点较少的 TSP 模型,这确实是一种比较有效的方法,但当节点较多时,工作量无疑是无法想象的。

当节点较多时,TSP 模型无法获得最优解,但可以获得近优解。下面介绍两种比较简单的 TSP 模型求解算法。

5.2.1 最近邻点法

最近邻点法(nearest neighbour)是由 Rosenkrantz 和 Steams 等人在 1997 年提出的一种用于解决 TSP 问题的算法。该算法十分简单,但它得到的解并不是十分理想,有很大的改善余地。该算法最大的优点就是计算简单快捷,因此,可以用来解决简单的 TSP 问题。

最近邻点法的基本步骤如下:

(1) 以发点作为整个回路的起点,首先寻找距发点最近的一个节点,将其加入,形成一条路;

(2) 在余下的节点中,寻找距刚加入路中的节点最近的一个节点,并将其加入到路中;

(3) 重复步骤(2),直到图中所有的节点都加入到路中为止;

(4) 将最后一个加入的节点和发点连接起来,形成一个回路。

例 4-5-1 某销售公司的销售员在某一天需要走访 5 个客户,销售公司及各个客户之间的距离见表 4-5-1,相对位置如图 4-5-2 所示,其中节点 1 代表销售公司。试用最近邻点法帮该销售员设计一条距离最短的走访路线。

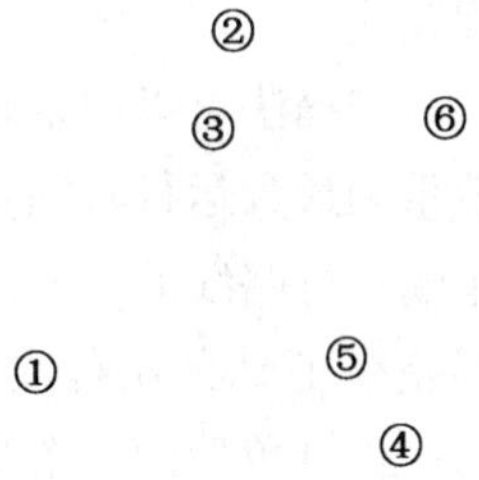

图 4-5-2

表 4-5-1

	v_1	v_2	v_3	v_4	v_5	v_6
v_1	0	10	6	8	7	15
v_2	10	0	5	20	15	16
v_3	6	5	0	14	7	8
v_4	8	20	14	0	4	12
v_5	7	15	7	4	0	6
v_6	15	16	8	12	6	0

解:(1) 从距离矩阵表可以看出,距 v_1 点距离最近的点是 v_3,因此,将 v_3 加入,形成路 $P=(v_1, v_3)$。

(2) 现在 v_3 点刚加入,剩下的点有 v_2, v_4, v_5, v_6,从距离矩阵表可以看出,距离 v_3 最近的点是 v_2,因此,将 v_2 点加入,形成路 $P=(v_1, v_3, v_2)$。

(3) 现在 v_2 点刚加入,剩下的点有 v_4, v_5, v_6,从距离矩阵表可以看出,距离 v_2 最近的点是 v_5,因此,将 v_5 点加入,形成路 $P=(v_1, v_3, v_2, v_5)$。

(4) 现在 v_5 点刚加入,剩下的点有 v_4, v_6,从距离矩阵表可以看出,距离 v_5 最近的点是 v_4,因此,将 v_4 点加入,形成路 $P=(v_1, v_3, v_2, v_5, v_4)$。

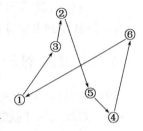

图 4-5-3

(5) 现在还剩最后一个点 v_6,将其加入,形成路 $P=(v_1, v_3, v_2, v_5, v_4, v_6)$。

(6) 将最后一个加入的节点 v_6 和发点连接起来,形成回路 $P=(v_1, v_3, v_2, v_5, v_4, v_6, v_1)$,见图 4-5-3。

走访路线总长:$f=6+5+15+4+12+15=57$。

5.2.2 扫描法

扫描法是 1974 年所提出的求解车辆路线问题的方法,此方法属于先分群再排路线的方式。该方法采用极坐标来表示各需求点的区位,然后任取一需求点为起始点,定其角度为零度,以顺时针或逆时针方向,以车容量为限制条件进行服务区域之分割,建构车辆排程路线。

扫描法可以用来解决配送路线的设计问题,因为在配送问题中,需要考虑配送车辆的载重和最大运行时间,所以,扫描法较最近邻点法又增加了许多约束条件。用扫描法确定车辆运行路线的方法简单易行,甚至可以用手机计算完成。一般来说,它求解所得方案的误差率在 10% 左右,这样水平的误差率通常是可以被接受的。因为调度员往往在接到最后一份订单后的一个小时内就要制定车辆运行路线计划。

扫描法的具体步骤如下:

(1) 将仓库和所有的停留点的位置画在地图上或坐标图上。

(2) 通过仓库位置放置一直尺,直尺指向任何方向均可,然后顺时针或逆时针方向转动直尺,直到直尺交到一个停留点。询问:累计的装货量是否超过了送货车的载重量或载货容积(注意首先要使用最大的送货车)。如是,将最后的停留点排除后,将第一辆车的停留点确定下来。再从这个被排除的停留点开始继续扫描,从而开始一条新的路线。这样扫描下去,直至全部的停留点都被分配完毕。

(3) 安排每辆车运行路线的停留点的顺序,以求运行距离最小化。

例 4-5-2 现有一配送中心,某天该配送中心要对 8 个零售客户进行配送服务,配送中心的位置和客户的位置以及各个客户货物的重量如表 4-5-2 所示,已知该配送中心车辆的载重为 6 吨,车辆最远运行距离为 50 km,试用扫描法制定配送方案。

表 4-5-2

	v_1	v_2	v_3	v_4	v_5	v_6	v_7	v_8	v_9
坐标	8,12	2,4	4.5,10	16,6	10.5,18	12,2	16,14	8,6	3.5,20
重量		1.3	1.5	1.6	0.8	1	1.2	1.1	0.7

解:(1) 将仓库和所有的停留点的位置画在坐标图上,见图 4-5-4。

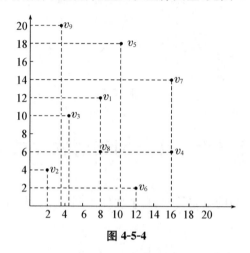

图 4-5-4

(2) 通过配送中心位置放置一直尺,直尺指向垂直方向,然后顺时针方向转动直尺。直尺交到第一个点 v_5,总运量为 0.8 吨,运行距离为 8.5 km,形成配送路线 $P=(v_1,v_5)$。

继续转动直尺,交到第二个点 v_7,总运量为 2 吨,运行距离为 18 km,形成配送路线 $P=(v_1,v_5,v_7)$。

继续转动直尺,交到第三个点 v_4,总运量为 3.6 吨,运行距离为 26 km,形成配送路线 $P=(v_1,v_5,v_7,v_4)$。

继续转动直尺,交到第四个点 v_6,总运量为 4.6 吨,运行距离为34 km,形成配送路线 $P=(v_1,v_5,v_7,v_4,v_6)$。

继续转动直尺,交到第五个点 v_8,总运量为 5.7 吨,运行距离为 42 km,形成配送路线 $P=(v_1,v_5,v_7,v_4,v_6,v_8)$。

继续转动直尺,交到第六个点 v_2,总运量为 7 吨,超过了车辆的载重,因此,去掉点 v_2,形成第一条配送路线 $P=(v_1,v_5,v_7,v_4,v_6,v_8,v_1)$,车辆总运量为 5.7 吨;第一辆车给客户 v_8 送完货之后会返回到起点 v_1。

因此,总的运行距离为 48 km。

(3) 从下一个客户节点 v_2 开始继续扫描,v_2 的运量为 1.3 吨,从 v_1 到 v_2 的运行距离为14 km。

顺时针转动直尺,交到第一个点 v_3,总运量为 2.8 吨,运行距离为 22.5 km,形成配送路线 $P=(v_1,v_2,v_3)$。

继续转动直尺,交于第二个点 v_9,总运量为 3.5 吨,运行距离为 33.5 km。

最后从 v_9 返回到 v_1,总的运行距离为 46 km。因此第二条配送路线为 $P=(v_1,v_2,v_3,v_9,v_1)$,车辆总运量为 3.5 吨,总的运行距离为 46 km,配送方案见图 4-5-5。

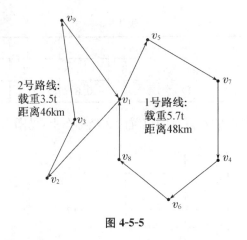

图 4-5-5

任务六　图与网络的软件求解

用 WinQSB 求解图与网络相关问题,主要使用到的是该软件的"Network Modeling"(网络模型)模块。

6.1　最小支撑树

接下来,我们用 WinQSB 的网络模型模块求解一下例 4-2-1 的问题。

(1) 首先,点击 WinQSB 中的"Network Modeling"(网络模型),进入初始界面。点击"新建"按钮(即快捷栏中印有网格状的按钮)或"files"里的"New problem",屏幕出现名为 NET Problem Specification(问题描述)的工作界面。选择 Problem Type(问题类型)为 Minimal Spanning Tree(最小支撑树);选择 Objective Criterion(目标函数的类型),因为是求道路总长度最短,所以在这里选择 Minimization;选择数据输入格式 Data Entry Format,选择表格输入,即 Spreadsheet Matrix Form;最后填入 Problem Title(问题名称):例 4-2-1;Number of Nodes(节点个数):6,具体参数如图 4-6-1 所示。

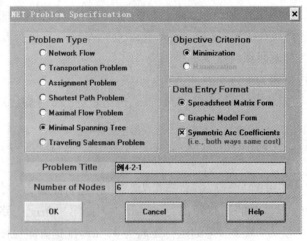

图 4-6-1

（2）在弹出的窗口中输入数据，见图 4-6-2。

From \ To	Node1	Node2	Node3	Node4	Node5	Node6
Node1		2		4		
Node2	2		5	1	3	
Node3		5			4	
Node4	4	1			4	
Node5		3	4	4		5
Node6					5	

图 4-6-2

（3）求解。单击"Solve and Analyze—Solve the problem"，弹出求解结果见图 4-6-3。

05-22-2016	From Node	Connect To	Distance/Cost		From Node	Connect To	Distance/Cost
1	Node1	Node2	2	4	Node2	Node5	3
2	Node5	Node3	4	5	Node5	Node6	5
3	Node2	Node4	1				
	Total	Minimal	Connected	Distance	or Cost	=	15

图 4-6-3

所以本问题的最小支撑树如图 4-6-4 所示，需要铺设的道路总长度为 15。

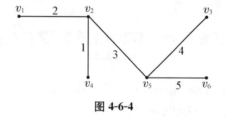

图 4-6-4

6.2 最短路问题

接下来，我们用 WinQSB 的网络模型模块求解图 4-3-1 中 v_1 到 v_7 之间的最短路问题。

（1）首先，点击 WinQSB 中的"Network modeling"（网络模型），进入初始界面。点击"新建"按钮（即快捷栏中印有网格状的按钮）或"files"里的"New problem"，屏幕出现名为 NET Problem Specification（问题描述）的工作界面。选择 Problem Type（问题类型）为 Shortest Path Problem（最短路问题）；选择数据输入格式 Data Entry Format，可以选择表格输入，即 Spreadsheet Matrix Form；最后填入 Problem Title（问题名称）：图 4-3-1；Number of Nodes（节点个数）：7，具体参数见图 4-6-5。

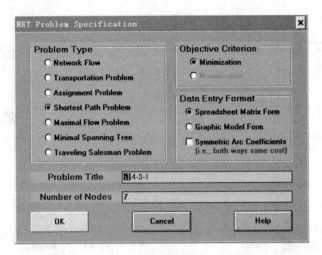

图 4-6-5

(2) 在弹出的窗口中输入数据,见图 4-6-6。

From \ To	Node1	Node2	Node3	Node4	Node5	Node6	Node7
Node1		10	15	8			
Node2	10		2		6		
Node3	15	2		3	9	9	
Node4	8		3			5	
Node5		6	9			2	20
Node6			9	5	2		30
Node7					20	30	

图 4-6-6

(3) 求解。单击"Solve and Analyze—Solve the problem",弹出起点和终点选择界面,选择起点为 v_1,终点为 v_7,见图 4-6-7。

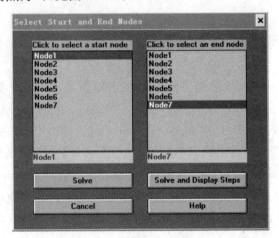

图 4-6-7

（4）单击"Solve"（求解），弹出求解结果，见图 4-6-8。

05-22-2016	From	To	Distance/Cost	Cumulative Distance/Cost
1	Node1	Node4	8	8
2	Node4	Node6	5	13
3	Node6	Node5	2	15
4	Node5	Node7	20	35
	From Node1	To Node7	Distance/Cost	= 35

图 4-6-8

由求解界面可知，图 4-3-1 中从指定城市 v_1 到城市 v_7 去的最短路线的长度为 35，最短路线为 $v_1 \rightarrow v_4 \rightarrow v_6 \rightarrow v_5 \rightarrow v_7$。

6.3 最大流问题

接下来，我们用 WinQSB 的网络模型模块求解图 4-4-2 中的网络最大流的问题。

（1）首先，点击 WinQSB 中的"Network modeling"（网络模型），进入初始界面。点击"新建"按钮（即快捷栏中印有网格状的按钮）或"files"里的"New problem"，屏幕出现名为 NET Problem Specification（问题描述）的工作界面。选择 Problem Type（问题类型）为 Maximal Flow Problem（最大流问题）；选择数据输入格式 Data Entry Format，可以选择表格输入，即 Spreadsheet Matrix Form；最后填入 Problem Title（问题名称）：图 4-4-2；Number of Nodes（节点个数）：6，具体参数见图 4-6-9。

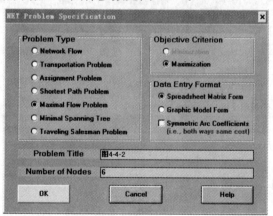

图 4-6-9

（2）在弹出的窗口中输入数据，见图 4-6-10。

From \ To	Node1	Node2	Node3	Node4	Node5	Node6
Node1		10	8			
Node2	10		4	5	3	
Node3	8	4		5	6	
Node4		5	5		3	11
Node5		3	6	3		17
Node6				11	17	

图 4-6-10

（3）求解。单击"Solve and Analyze—Solve the problem"，弹出起点和终点选择界面，选择起点为 v_1，终点为 v_6，见图 4-6-11。

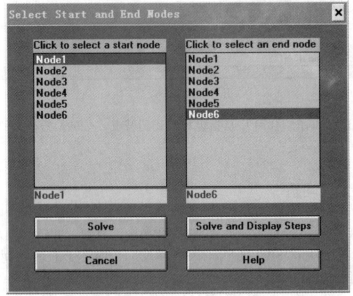

图 4-6-11

（4）单击"Solve"（求解），弹出求解结果，见图 4-6-12。

05-22-2016	From	To	Net Flow		From	To	Net Flow
1	Node1	Node2	10	6	Node3	Node4	4
2	Node1	Node3	8	7	Node3	Node5	6
3	Node2	Node3	2	8	Node4	Node6	9
4	Node2	Node4	5	9	Node5	Node6	9
5	Node2	Node5	3				
Total	Net Flow	From	Node1	To	Node6	=	18

图 4-6-12

由求解界面可知，从 v_1 到 v_6 的最大流为 18。

6.4 旅行商问题

接下来，我们用 WinQSB 的网络模型模块求解例 4-5-1 的旅行商问题。

（1）首先，点击 WinQSB 中的"Network modeling"（网络模型），进入初始界面。点击"新建"按钮（即快捷栏中印有网格状的按钮）或"files"里的"New problem"，屏幕出现名为 NET Problem Specification（问题描述）的工作界面。选择 Problem Type（问题类型）为 Traveling Salesman Problem（旅行商问题）；选择数据输入格式 Data Entry Format，可以选择表格输入，即 Spreadsheet Matrix Form；最后填入 Problem Title（问题名称）：例 4-5-1；Number of Nodes（节点个数）：6，具体参数见图 4-6-13。

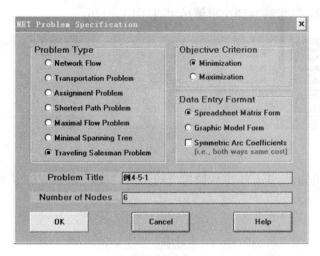

图 4-6-13

（2）在弹出的窗口中输入数据，见图 4-6-14。

From \ To	Node1	Node2	Node3	Node4	Node5	Node6
Node1	0	10	6	8	7	15
Node2	10	0	5	20	15	16
Node3	6	5	0	14	7	8
Node4	8	20	14	0	4	12
Node5	7	15	7	4	0	6
Node6	15	16	8	12	6	0

图 4-6-14

（3）求解。单击"Solve and Analyze—Solve the problem"，弹出计算方法选择界面，选择 Nearest Nerghbor Heuristic（最近邻点法），见图 4-6-15。

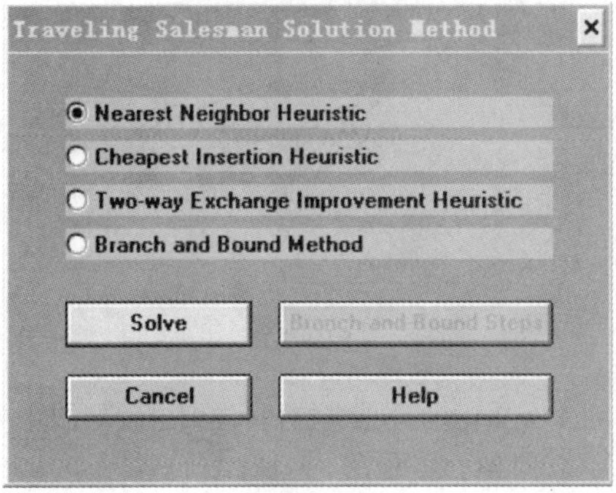

Traveling Salesman Solution Method

- ● Nearest Neighbor Heuristic
- ○ Cheapest Insertion Heuristic
- ○ Two-way Exchange Improvement Heuristic
- ○ Branch and Bound Method

Solve　Branch and Bound Steps

Cancel　Help

图 4-6-15

（4）单击"Solve"（求解），弹出求解结果，见图 4-6-16。

05-22-2016	From Node	Connect To	Distance/Cost		From Node	Connect To	Distance/Cost
1	Node1	Node3	6	4	Node5	Node4	4
2	Node3	Node2	5	5	Node4	Node6	12
3	Node2	Node5	15	6	Node6	Node1	15
	Total	Minimal	Traveling	Distance	or Cost	=	57
	(Result	from	Nearest	Neighbor	Heuristic)		

图 4-6-16

由求解界面可知，例 4-5-1 中从销售员的走访路线如下图 4-6-17 所示，走访路线总长为 57。

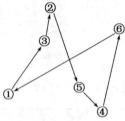

图 4-6-17

任务七　图与网络的应用案例

例 4-7-1　最小支撑树问题　如下图 4-7-1，S、A、B、C、D、E、T 代表村镇，它们之间连线表明各村镇间现有道路交通情况，连线旁数字代表道路的长度，现要求沿图中道路架设电线，使上述村镇全部通上电，应如何架设使总的线路长度最短？

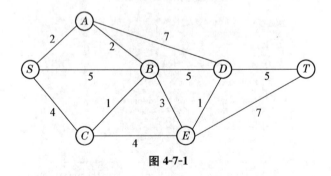

图 4-7-1

解：用破圈法求解图 4-7-1 中的最小支撑树，详细过程如图 4-7-2 所示。

首先从图中任取一个回路，如 SAB，去掉权值最大的边（SB），得图 4-7-2（a）；图 4-7-2(a)从中再任取一个回路，如 $SABC$，去掉权值最大的边（SC），得图 4-7-2(b)；从图4-7-2(b)中再任取一个回路，如 ABD，去掉权值最大的边（AD），得图 4-7-2(c)；从图 4-7-2(c)中再任取一个回路，如 CBE，去掉权值最大的边（CE），得图 4-7-2(d)；从图4-7-2(d)中再任取一个回路，如 BED，去掉权值最大的边（BD），得图 4-7-2(e)；从图4-7-2(e)中再任取一个回路，如 EDT，去掉权值最大的边（ET），得图 4-7-2(f)；

图 4-7-2(f)为不含圈的图,所以图 4-7-2(f)就是图 4-7-1 的最小支撑树。

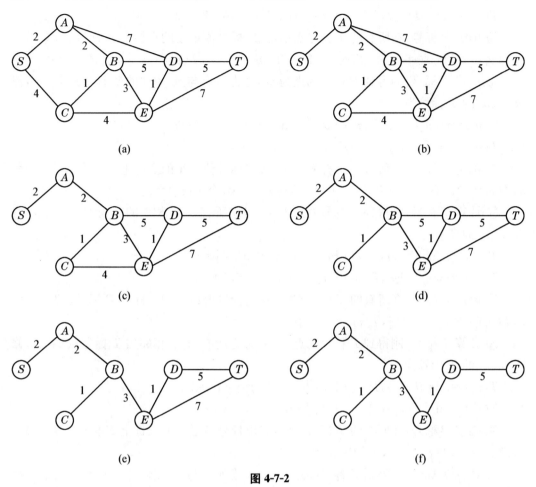

图 4-7-2

例 4-7-2　最短路问题　如图 4-7-3 所示,用标号法求该图中从 v_1 到 v_7 的最短路。

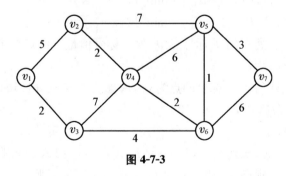

图 4-7-3

解:(1) 标号过程。

① 初始化:令起点 v_1 的标号为 P,记做 $P(v_1)=0$;令其余各点的标号为 T,记作 $T(v_i)=+\infty$。

② 计算 T 标号:刚得到 P 标号的点为 v_1,考虑所有与 v_1 相邻的 T 标号点 v_2、v_3,修改 v_2、v_3 的 T 标号为

$T(v_2) = \min[T(v_2), P(v_1) + d_{12}] = \min[+\infty, 0+5] = 5$

$T(v_3) = \min[T(v_3), P(v_1) + d_{13}] = \min[+\infty, 0+2] = 2$

③ 确定 P 标号:在所有的 T 标号点中,找出标号值最小的点标上 P 标号。$T(v_2) = 5, T(v_3) = 2, T(v_4) = +\infty, T(v_5) = +\infty, T(v_6) = +\infty, T(v_7) = +\infty$,令 $P(v_3) = 2$。

④ 计算 T 标号:刚得到 P 标号的点为 v_3,考虑所有与 v_3 相邻的 T 标号点 v_4、v_6,修改 v_4、v_6 的 T 标号为

$T(v_4) = \min[T(v_4), P(v_3) + d_{34}] = \min[+\infty, 2+7] = 9$

$T(v_6) = \min[T(v_6), P(v_3) + d_{36}] = \min[+\infty, 2+4] = 6$

⑤ 确定 P 标号:在所有的 T 标号点中,找出标号值最小的点标上 P 标号。$T(v_2) = 5, T(v_4) = 9, T(v_5) = +\infty, T(v_6) = 6, T(v_7) = +\infty$,令 $P(v_2) = 5$。

⑥ 计算 T 标号:刚得到 P 标号的点为 v_2,考虑所有与 v_2 相邻的 T 标号点 v_4、v_5,修改 v_4、v_5 的 T 标号为

$T(v_4) = \min[T(v_4), P(v_2) + d_{24}] = \min[9, 5+2] = 7$

$T(v_5) = \min[T(v_5), P(v_2) + d_{25}] = \min[+\infty, 5+7] = 12$

⑦ 确定 P 标号:在所有的 T 标号点中,找出标号值最小的点标上 P 标号。$T(v_4) = 7, T(v_5) = 12, T(v_6) = 6, T(v_7) = +\infty$,令 $P(v_6) = 6$。

⑧ 计算 T 标号:刚得到 P 标号的点为 v_6,考虑所有与 v_6 相邻的 T 标号点 v_5、v_7,修改 v_5、v_7 的 T 标号为

$T(v_5) = \min[T(v_5), P(v_6) + d_{65}] = \min[12, 6+1] = 7$

$T(v_7) = \min[T(v_7), P(v_6) + d_{67}] = \min[+\infty, 6+6] = 12$

⑨ 确定 P 标号:在所有的 T 标号点中,找出标号值最小的点标上 P 标号。$T(v_4) = 7, T(v_5) = 7, T(v_7) = 12$,令 $P(v_5) = 7$。

⑩ 计算 T 标号:刚得到 P 标号的点为 v_5,考虑所有与 v_5 相邻的 T 标号点 v_4、v_7,修改 v_4、v_7 的 T 标号为

$T(v_4) = \min[T(v_4), P(v_5) + d_{54}] = \min[7, 7+6] = 7$

$T(v_7) = \min[T(v_7), P(v_5) + d_{57}] = \min[12, 7+3] = 10$

⑪ 确定 P 标号:在所有的 T 标号点中,找出标号值最小的点标上 P 标号。$T(v_4) = 7, T(v_7) = 10$,令 $P(v_4) = 7$。

⑫ 计算 T 标号:刚得到 P 标号的点为 v_4,考虑所有与 v_4 相邻的 T 标号点,与 v_4 相邻的点都是 P 标号,最后令 $P(v_7) = 10$。

(2) 反向追踪。

① 首先考虑终点 v_7,找到点 v_5,$P(v_7) = P(v_5) + d_{57} = 10$,记下弧 (v_5, v_7)。

② 再考虑点 v_5,找到点 v_6,$P(v_5) = P(v_6) + d_{65} = 7$,记下弧 (v_6, v_5)。

③ 再考虑点 v_6,找到点 v_3,$P(v_6) = P(v_3) + d_{36} = 6$,记下弧 (v_3, v_6)。

④ 再考虑点 v_3,找到点 v_1,$P(v_3) = P(v_1) + d_{13} = 2$,记下弧 (v_1, v_3)。

至此,我们找到了从 v_1 到 v_7 的最短路为 $v_1 \rightarrow v_3 \rightarrow v_6 \rightarrow v_5 \rightarrow v_7$,最短路的长度为 10。

例 4-7-3 最大流问题 如图 4-7-4 所示,用标号法求图中从 s 到 t 的最大流量。

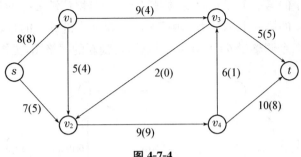

图 4-7-4

解:（1）标号过程。

① 对起点 s，先给出标号 $(0,+\infty)$。

② 检查 s，在弧 (s,v_2) 上有 $f_{s2}<c_{s2}$，则给 v_2 标号 $(s,l(v_2))$，其中 $l(v_2)=\min\{l(s),c_{s2}-f_{s2}\}=\min\{+\infty,7-5\}=2$。

③ 检查 v_2，在弧 (v_1,v_2) 上有 $f_{12}>0$，则给 v_1 标号 $(v_2,l(v_1))$，其中 $l(v_1)=\min\{l(v_2),f_{12}\}=\min\{2,4\}=2$。

④ 检查 v_1，在弧 (v_1,v_3) 上有 $f_{13}<c_{13}$，则给 v_3 标号 $(v_1,l(v_3))$，其中 $l(v_3)=\min\{l(v_1),c_{13}-f_{13}\}=\min\{2,9-4\}=2$。

⑤ 检查 v_3，在弧 (v_4,v_3) 上有 $f_{43}>0$，则给 v_4 标号 $(v_3,l(v_4))$，其中 $l(v_4)=\min\{l(v_3),f_{43}\}=\min\{2,1\}=1$。

⑥ 检查 v_4，在弧 (v_4,t) 上有 $f_{4t}<c_{4t}$，则给 t 标号 $(v_4,l(t))$，其中 $l(t)=\min\{l_4,c_{4t}-f_{4t}\}=\min\{1,10-8\}=1$。

终点 t 已被标号，标号结果见图 4-7-5。得到一条从起点 v_1 到终点 v_6 的增广链 μ 后，转入下面的调整过程。

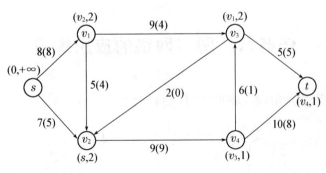

图 4-7-5

（2）调整过程。

① 按 t 及其他点的第一个标号利用"反向追踪"的方法，找出增广链 μ、t 的第一个标号为 v_4，则弧 (v_4,t) 是增广链 μ 上的弧。

② 然后再检查点 v_4 的第一个标号为 v_3，则弧 (v_3,v_4) 是增广链 μ 上的弧。

③ 再检查点 v_3 的第一个标号为 v_1，则弧 (v_1,v_3) 是增广链 μ 上的弧。

④ 再检查点 v_1 的第一个标号为 v_2，则弧 (v_2, v_1) 是增广链 μ 上的弧。

⑤ 再检查点 v_2 的第一个标号为 s，则弧 (s, v_2) 是增广链 μ 上的弧。

⑥ 找到增广链，令调整量 $\theta = l$，在 μ 上调整，得到新的网络图，见图 4-7-6。

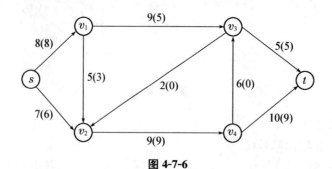

图 4-7-6

⑦ 去掉前面的所有标号，重复上述标号过程。

（3）标号过程。

① 对起点 s，先给出标号 $(0, +\infty)$。

② 检查 s，在弧 (s, v_2) 上有 $f_{s2} < c_{s2}$，则给 v_2 标号 $(s, l(v_2))$，其中 $l(v_2) = \min\{l(s), c_{s2} - f_{s2}\} = \min\{+\infty, 7-6\} = 1$。

③ 检查 v_2，在弧 (v_1, v_2) 上有 $f_{12} > 0$，则给 v_1 标号 $(v_2, l(v_1))$，其中 $l(v_1) = \min\{l(v_2), f_{12}\} = \min\{1, 3\} = 1$。

④ 检查 v_1，在弧 (v_1, v_3) 上有 $f_{13} < c_{13}$，则给 v_3 标号 $(v_1, l(v_3))$，其中 $l(v_3) = \min\{l(v_1), c_{13} - f_{13}\} = \min\{1, 9-5\} = 1$。

⑤ 检查 v_3，在弧 (v_4, v_3) 上有 $f_{43} = 0$，标号结束。

因此，标号结果为图 4-7-6，最大流为 14。

任务八　图与网络的应用练习

1. 如下图 4-8-1 所示，求该图的最小支撑树。

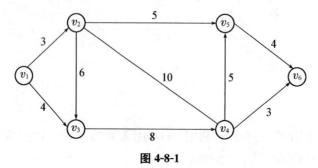

图 4-8-1

2. 分别用破圈法和避圈法求下图 4-8-2 中各个图的最小支撑树。

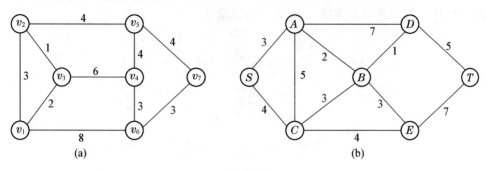

(a)　　　　　　　　　　(b)

图 4-8-2

3. 用标号法求图 4-8-3 中 v_1 至 v_7 的最短路。

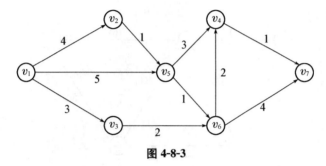

图 4-8-3

4. 求图 4-8-4 中从①到⑥的最短路长与最短路径。

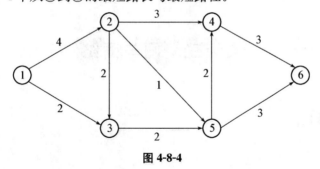

图 4-8-4

5. 某销售公司设有 7 个门店,图 4-8-5 显示了公司以及各门店之间可能被选择的交通路线,距离以 km 为单位,公司位于节点 v_1 的位置,求销售公司到各门店的最短距离。

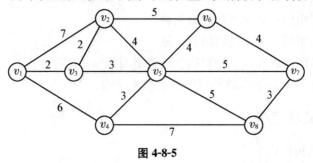

图 4-8-5

6. 用标号法求图 4-8-6 所示各容量网络中从 v_1 到 v_7 的最大流,并标出各网络的最小割集(图中各弧旁数字为容量 c_{ij},括弧中为流量 f_{ij})。

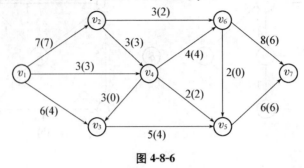

图 4-8-6

7. 求图 4-8-7 所示网络中从发点 v_1 到收点 v_5 的最大流(图中各弧旁数字为容量 c_{ij},括弧中为流量 f_{ij})。

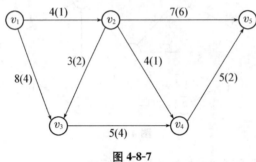

图 4-8-7

实训三　图与网络

一、实训项目

图与网络

二、实训目的

(1) 能正确应用破圈法和避圈法求解最小支撑树问题;

(2) 能正确应用标号法求解最短路问题;

(3) 能正确应用标号法求解网络最大流;

(4) 能正确应用最近邻点法和扫描法求解中国邮递员问题;

(5) 能正确应用 WinQSB 软件求解图论相关问题。

三、实训形式与程序

课堂练习加上机操作

四、实训学时

6 个学时

五、实训内容

1. 某公司为了实现信息共享，提高工作效率，决定对本公司各部门所拥有的计算机进行联网，下图所示的网络图展示了各个作业区之间网线可能连接的情况，各作业区之间的距离以百米为单位，试设计一个各作业区网线相通并且总长度最短的施工方案。

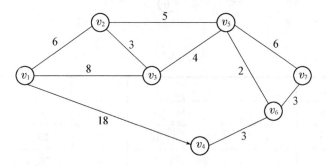

2. 下图所示的节点代表某个地区的 7 个城市，节点之间的连线表示它们之间有公路相连，连线上的数字表示相应的距离，现有一批货物要从城市 v_1 运到城市 v_7，运费与运输距离成正比，为了降低运输成本，需要尽量减少运输距离，求城市 v_1 到城市 v_7 的最短路程。

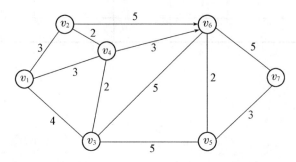

3. 贯通某市的高速公路，在高峰时段车流量达到 9 000 辆/小时，由于天气原因，要暂时关闭该段高速公路。车辆必须通过该市绕行，交通部门已经给出了通过该市的替代道路交通网络，见下图，图中弧旁边的数字表示该路段的最大通过能力（单位：千辆/小时）。求该替代交通网络的最大流量是多少？能否承担 9 000 辆/小时的车流量？

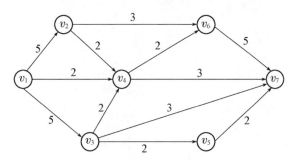

4. 一个生产企业需要定期向其周边 7 个乡镇的直销商送货,该生产企业与 7 个直销商的相对位置见下图,其中,节点 0 表示该生产企业所处位置,它们之间的距离如下表所示。假设 7 个直销商的货物可以同时装到一辆箱式货车上,分别用最近邻点法和扫描法设计送货路线,使总行驶距离最短。

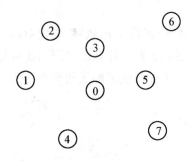

	v_0	v_1	v_2	v_3	v_4	v_5	v_6	v_7
v_0	0	9	12	7	5	8	16	13
v_1		0	13	16	7	19	22	21
v_2			0	7	18	20	17	25
v_3				0	12	10	9	16
v_4					0	14	20	16
v_5						0	8	6
v_6							0	13
v_7								0

项目五　运输问题

教学目标

知识目标	(1) 能正确描述运输问题； (2) 能正确地建立运输问题的数学模型； (3) 能正确描述表上作业法的原理和步骤； (4) 能正确认识产销不平衡问题。
技能目标	(1) 熟练并建立运输问题的数学模型； (2) 能正确应用表上作业法求解运输问题； (3) 能正确求解产销不平衡问题； (4) 能正确应用 WinQSB 软件求解运输问题。

学习时间

6 学时

内容简介

运输问题依然属于线性规划问题的范畴，但是由于其约束方程组的系数矩阵具有特殊的结构，因而可以找到一种比单纯形法更简便的求解方法，正是基于此，运输问题从线性规划中单列出来进行讨论。

任务一　运输问题的数学模型

1.1　运输问题的模型

1.1.1　问题的提出

运输问题(transportation problem)一般是研究把某种商品从若干个产地运至若干个

销地而使总运费最小的一类问题。然而从更广义上讲,运输问题是具有一定模型特征的线性规划问题。它不仅可以用来求解商品的调运问题,还可以解决诸多非商品调运问题。运输问题是一种特殊的线性规划问题,由于其系数矩阵具有特殊的结构,这就有可能找到比一般单纯形法更简便高效的求解方法,即表上作业法,这正是单独研究运输问题的目的所在。

本部分主要介绍用表上作业法求解运输问题,表上作业法是一种迭代算法,是先求出初始基本可行解,然后用检验数判定是否是最优解,若是就停止计算,否则就要对解进行调整、再判定,直到求出最优解为止。因为以上计算都可以在产销平衡表中进行,所以该方法叫作表上作业法。表上作业法通过定制的运输表确定最优调运方案,但其本质仍然是单纯形法,其主要步骤是:首先需要确定一个初始调运方案(初始基本可行解),然后检验现行调运方案(现行基本可行解)是否最优,若非最优,则需对现行调运方案(现行基本可行解)进行改进等几个阶段。只是表上作业法对单纯形法做了适当的修改,从而提高了计算的效率。

表上作业法的求解步骤如下:

(1) 用最小元素法求出初始基本可行解。

(2) 用闭回路法求各非基变量的检验数。

(3) 确定入基和出基变量,用闭回路法进行方案调整。

(4) 重复(2)、(3)步直至得到最优解。

1.1.2 数学模型的建立

运输问题的一般提法是这样的:某种物资有若干个产地和销地,若已知各个产地的产量、各个销地的销量以及各产地到各销地的单位运价(或运输距离)。问应如何组织调运,才能使总运费(或总的运输量)最少?

将此问题更具体化,假定有 m 个产地,n 个销地,如表 5-1-1 所示。

表 5-1-1

销地 产地	B_1	B_2	...	B_n	产　量
A_1	c_{11}	c_{12}	...	c_{1n}	a_1
A_2	c_{21}	c_{22}	...	c_{2n}	a_2
$\vdots$	$\vdots$	$\vdots$	$\vdots$	$\vdots$	$\vdots$
A_m	c_{m1}	c_{m2}	...	c_{mn}	a_m
销　量	b_1	b_2	...	b_n	$\sum\limits_{i=1}^{m} a_i = \sum\limits_{j=1}^{n} b_j$

令 a_i 为第 i 产地的供应量,$i=1,2,\cdots,m$;

令 b_j 为第 j 销地的需求量,$j=1,2,\cdots,n$;

令 c_{ij} 为从产地 i 到销地 j 的单位运费,$i=1,2,\cdots,m,j=1,2,\cdots,n$;

令 x_{ij} 为产地 i 到销地 j 的调运数量。

则该问题为求解最佳调运方案,即求解所有 x_{ij} 的值,使总的运输费用 $\sum\limits_{i=1}^{m}\sum\limits_{j=1}^{n}c_{ij}x_{ij}$ 达到最小,决策变量为 x_{ij}。

该问题的数学模型形式为

$$\min z = \sum_{i=1}^{m}\sum_{j=1}^{n}c_{ij}x_{ij}$$

$$\text{s. t.}\begin{cases} \sum\limits_{i=1}^{m}x_{ij} \geqslant b_j & (j=1,2,\cdots,n) \\ \sum\limits_{j=1}^{n}x_{ij} \leqslant a_i & (i=1,2,\cdots,n) \\ x_{ij} \geqslant 0 \end{cases}$$

根据该问题中总需求量 $\sum\limits_{j=1}^{n}a_i$ 与总供应量 $\sum\limits_{j=1}^{n}b_j$ 的关系,可将运输问题分为两类:

(1) 当 $\sum\limits_{j=1}^{n}a_i = \sum\limits_{j=1}^{n}b_j$ 时,为平衡型运输问题;

(2) 当 $\sum\limits_{j=1}^{n}a_i \neq \sum\limits_{j=1}^{n}b_j$ 时,为不平衡型运输问题。

1.1.3　应用实例

例 5-1-1　某公司经销甲产品,该公司下设 A_1、A_2、A_3 三个加工厂,每日产量分别为 7 吨、4 吨、9 吨。该公司把这些产品分别运往 B_1、B_2、B_3、B_4 四个销售点,各销售点每日的销量分别为 3 吨、6 吨、5 吨、6 吨。从各工厂到各销售点的单位产品的运价如表 5-1-1 所示,问该公司应该如何调运产品,在满足各销售点需求量的前提下,使总运费最低?

表 5-1-1

	B_1	B_2	B_3	B_4	产　量
A_1	3	11	3	10	7
A_2	1	9	2	8	4
A_3	7	4	10	5	9
销　量	3	6	5	6	20

在上述例题中,总产量为 20 吨,总销量为 20 吨,故该问题为产销平衡问题。

解:设 x_{ij} 表示由第 i 个加工厂运往第 j 个销售点的甲产品的数量,则可得到该问题的数学模型如下:

$$\min Z = 3x_{11} + 11x_{12} + 3x_{13} + 10x_{14} + x_{21} + 9x_{22} + 2x_{23} + 8x_{24} + 7x_{31} + 4x_{32} +$$
$$10x_{33} + 5x_{34}$$

$$\text{s. t}\begin{cases} x_{11}+x_{12}+x_{13}+x_{14}=7 \\ x_{21}+x_{22}+x_{23}+x_{24}=4 \\ x_{31}+x_{32}+x_{33}+x_{34}=9 \\ x_{11}+x_{21}+x_{31}=3 \\ x_{12}+x_{22}+x_{32}=6 \\ x_{13}+x_{23}+x_{33}=5 \\ x_{14}+x_{24}+x_{34}=6 \\ x_{ij}\geqslant 0 \quad (i=1,2,3;j=1,2,3,4) \end{cases}$$

针对与例 5-1-1 相似的运输问题,即某种货物有 m 个产地 $A_1,A_2,\cdots,A_m$,产量分别为 $a_1,a_2,\cdots,a_m$;另外有 n 个销地 $B_1,B_2,\cdots,B_n$,销量分别为 $b_1,b_2,\cdots,b_n$,又假设产销是平衡的,即 $\sum_{i=1}^{m}a_i=\sum_{j=1}^{n}b_j$,此外,还知道由产地 A_i 向销地 B_j 运输每单位货物的运价为 c_{ij},应该如何调运这种货物才能使总的运费达到最低?

任务二 产销平衡问题

2.1 表上作业法

产销平衡问题的求解采用表上作业法,该方法是单纯形法求解运输问题的一种特定形式,其实质是单纯形法。既然表上作业法是一种特定形式的单纯形法,它自然与单纯形法有着完全相同的解题步骤,所不同的只是完成各步采用的具体形式。表上作业法的基本步骤可参照单纯形法归纳如下:

(1) 找出初始基可行解,即要在 $m\times n$ 阶产销平衡表上给出 $m+n-1$ 个数字格(基变量);

(2) 求各非基变量(空格)的检验数,判断当前的基可行解是否是最优解,如已得到最优解,则停止计算,否则转到下一步;

(3) 确定换入基变量和换出基变量,找出新的基可行解;

(4) 在表上,用闭回路法进行运输方案的调整;

(5) 重复步骤(2)、(3)、(4),直到得到最优解。

例 5-2-1 某公司经营某种产品,该公司下设 A、B、C 三个生产厂,甲、乙、丙、丁四个销售点。公司每天把三个工厂生产的产品分别运往四个销售点,由于各工厂到各销售点的路程不同,所以单位产品的运费也就不同。各工厂每日的产量、各销售点每日的销量,以及从各工厂到各销售点单位产品的运价如表 5-2-1 所示。问该公司应如何调运产品,在满足各销售点需要的前提下,使总运费最小。

表 5-2-1

	甲	乙	丙	丁	产量(a_i)
A	3	11	3	10	7
B	1	9	2	8	4
C	7	4	10	5	9
销量(b_j)	3	6	5	6	

解：设 x_{ij} 代表从第 i 个产地到第 j 个销地的运输量（$i=1,2,3;j=1,2,3,4$），用 c_{ij} 代表从第 i 个产地到第 j 个销地的运价，于是可构造如下数学模型

$$\min w = \sum_{i=1}^{3} \sum_{j=1}^{4} c_{ij} x_{ij}$$

$$\begin{cases} \sum_{j=1}^{4} x_{ij} = a_i & (i=1,2,3,运出的商品总量等于其产量) \\ \sum_{i=1}^{3} x_{ij} = b_j & (j=1,2,3,4,运来的商品总量等于其销量) \\ x_{ij} \geqslant 0 \end{cases}$$

通过例 5-2-1 的数学模型，我们可以得出运输问题是一种特殊的线性规划问题的结论，其特殊性就在于技术系数矩阵是由"1"和"0"两个元素构成的。

将该数学模型做一般性推广，即可得到有 m 个产地、n 个销地的运输问题的一般模型。注意：在此仅限于探讨总产量等于总销量的产销平衡运输问题。

$$\min w = \sum_{i=1}^{m} \sum_{j=1}^{n} c_{ij} x_{ij}$$

$$\begin{cases} \sum_{j=1}^{n} x_{ij} = a_i & (i=1,2,\cdots,m,运出的商品总量等于其产量) \\ \sum_{i=1}^{m} x_{ij} = b_j & (j=1,2,\cdots,n,运来的商品总量等于其销量) \\ x_{ij} \geqslant 0 \end{cases}$$

供应约束确保从任何一个产地运出的商品等于其产量，需求约束保证运至任何一个销地的商品等于其需求。除非负约束外，运输问题约束条件的个数是产地与销地的数量和，即 $m+n$；而决策变量个数是二者的积，即 $m \times n$。由于在这 $m+n$ 个约束条件中，隐含着一个总产量等于总销量的关系式，所以相互独立的约束条件的个数是 $m+n-1$ 个。

2.1.1　确定基可行解

与一般的线性规划不同，产销平衡的运输问题一定具有可行解（同时也一定存在最优解），这一点是显然的。确定初始基可行解的方法有很多，在此介绍比较简单但能给出较好初始方案的最小元素法和伏格尔法。

1. 最小元素法

最小元素法即从运价（运距）表中的最小运价（运距）开始，按照"运价（运距）小，先供

应"的原则,逐个确定运量。最小元素法的基本思想是就近供应,即从单位运价表中最小的运价开始确定产销关系,依此类推,一直到给出基本方案为止。下面就用例5-2-1说明最小元素法的应用。

第一步:从表5-2-1中找出最小运价"1",这表示先将B生产的产品供应给甲。由于B每天生产4个单位产品,甲每天需求3个单位产品,即B每天生产的产品除满足甲的全部需求外,还可多余1个单位产品。在(B,甲)的交叉格处填上"3",形成表5-2-2;将运价表的甲列运价划去得表5-2-3,划去甲列表明甲的需求已经得到满足。

表 5-2-2

	甲	乙	丙	丁	产量(a_i)
A					7
B	3				4
C					9
销量(b_j)	3	6	5	6	

表 5-2-3

	甲	乙	丙	丁
A	3	11	3	10
B	1	9	2	8
C	7	4	10	5

第二步:在表5-2-3的未被划掉的元素中再找出最小运价"2",最小运价所确定的供应关系为(B,丙),即将B余下的1个单位产品供应给丙,表5-2-2转换成表5-2-4。划去B行的运价,划去B行表明B所生产的产品已全部运出,表5-2-3转换成表5-2-5。

表 5-2-4

	甲	乙	丙	丁	产量(a_i)
A					7
B	3		**1**		4
C					9
销量(b_j)	3	6	5	6	

表 5-2-5

	甲	乙	丙	丁
A	3	11	3	10
B	1	9	2	8
C	7	4	10	5

第三步:在表5-2-5未划去的元素中,再找出最小运价"3",这样一步步地进行下去,直到单位运价表上的所有元素均被划去为止。最后在产销平衡表上得到一个调运方案,

见表 5-2-6。这一方案的总运费为 86 个单位。

表 5-2-6

	甲	乙	丙	丁	产量(a_i)
A			4	3	7
B	3		1		4
C		6		3	9
销量(b_j)	3	6	5	6	

最小元素法各步在运价表中划掉的行或列是需求得到满足的列或产品被调空的行。一般情况下，每填入一个数相应地划掉一行或一列，这样最终将得到一个具有 $m+n-1$ 个数字格（基变量）的初始基可行解。

然而，问题并非总是如此，有时也会出现这样的情况：在供需关系格(i,j)处填入一数字，刚好使第 i 个产地的产品调空，同时也使第 j 个销地的需求得到满足。按照前述的处理方法，此时需要在运价表上相应地划去第 i 行和第 j 列。填入一数字同时划去了一行和一列，如果不加入任何补救措施的话，那么最终必然无法得到一个具有 $m+n-1$ 个数字格（基变量）的初始基可行解。为了使在产销平衡表上有 $m+n-1$ 个数字格，这时需要在第 i 行或第 j 列此前未被划掉的任意一个空格上填一个 0。填"0"格虽然所反映的运输量同空格没有什么不同，但它所对应的变量却是基变量，而空格所对应的变量是非基变量。

将例 5-2-1 的各工厂的产量做适当调整（调整结果见表 5-2-7），就会出现此类特殊情况。第一步在(B,甲)处填入"3"，划去甲列运价；第二步在(B,丙)处填入"1"，划去 B 行运价，此两步的结果见表 5-2-8 和表 5-2-9。

表 5-2-7

	甲	乙	丙	丁	产量(a_i)
A	3	11	3	10	4
B	1	9	2	8	4
C	7	4	10	5	12
销量(b_j)	3	6	5	6	

表 5-2-8

	甲	乙	丙	丁	产量(a_i)
A					4
B	**3**		**1**		4
C					12
销量(b_j)	3	6	5	6	

表 5-2-9

	甲	乙	丙	丁	产量(a_i)
A	3	11	3	10	4
B	1	9	2	8	4
C	7	4	10	5	12
销量(b_j)	3	6	5	6	

表 5-2-9 中剩下的最小元素为"3",其对应产地 A 的产量是 4,销地丙的剩余需要量也是 4,在格(A,丙)填入"4",需同时划去 A 行和丙列。在填入"4"之前 A 行和丙列中除了(A,丙)之外,还有(A,乙)、(A,丁)和(C,丙)三个空格未被划去;因此,可以在(A,乙)、(A,丁)和(C,丙)任选一格填加一个"0",不妨选择(A,乙),结果可见表 5-2-10 和表 5-2-11。注意这个"0"是不能填入(A,甲)或(B,丙)的,因为在填入"4"之前它们已经被划去了。

表 5-2-10

	甲	乙	丙	丁	产量(a_i)
A		**0**	**4**		4
B	**3**		**1**		4
C					12
销量(b_j)	3	6	5	6	

表 5-2-11

	甲	乙	丙	丁	产量(a_i)
A	3	11	3	10	4
B	1	9	2	8	4
C	7	4	10	5	12
销量(b_j)	3	6	5	6	

2. 伏格尔法

最小元素法的缺点:为了节省一处的费用,有时造成在其他多处花几倍的运费。伏格尔法考虑,一产地的产品假如不能按照最小就近供应,就考虑次小供应,这就有一个差额。差额越大,说明不能按照最小运费调运时,运费增加越多,因而对差额最大处,就应当采用最小运费调运。

仍以例 5-2-1 来说明伏格尔法。

第一步:在表 5-2-1 中找出每行、每列两个最小元素的差额,并填入该表的最右列和最下行,见表 5-2-12。

表 5-2-12

	甲	乙	丙	丁	两最小元素之差
A	3	11	3	10	0
B	1	9	2	8	1
C	7	4	10	5	1
两最小元素之差	2	**5**	1	3	

第二步:从行和列的差额中选出最大者,选择它所在的行或列中的最小元素的位置确定供应关系。在表 5-2-12 中乙列是最大差额"5"所在的列,乙列中的最小元素是"4",从而确定了 C 与乙间的供应关系,表 5-2-13 即反映了这一供应关系。同最小元素法一样,由于乙的需求已得到了满足,将运价表中的乙列划去。

表 5-2-13

	甲	乙	丙	丁	产量(a_i)
A					7
B					4
C		**6**			9
销量(b_j)	3	6	5	6	

第三步:对运价表中未划去的元素再分别计算出各行、各列两个最小运费的差,并填入该表的最右列和最下行,见表 5-2-14。重复第一、第二两步,直到给出一个初始基可行解,处理过程见表 5-2-15 至表 5-2-23。

表 5-2-14

	甲	乙	丙	丁	两最小元素之差
A	3	11	3	10	0
B	1	9	2	8	1
C	7	4	10	5	2
两最小元素之差	2		1	3	

表 5-2-15

	甲	乙	丙	丁	产量(a_i)
A					7
B					4
C		6		**3**	9
销量(b_j)	3	6	5	6	

在表 5-2-16 中,两个最小元素的最大差是"2",但最大差"2"并不唯一,在此应按最大差所对应的最小元素最小的原则确定供应关系,即选择 B 生产的产品运输给甲。

表 5-2-16

	甲	乙	丙	丁	两最小元素之差
A	3	11	3	10	0
B	1	9	2	8	1
C	7	4	10	5	
两最小元素之差	2		1	2	

表 5-2-17

	甲	乙	丙	丁	产量(a_i)
A					7
B	**3**				4
C		6		3	9
销量(b_j)	3	6	5	6	

表 5-2-18

	甲	乙	丙	丁	两最小元素之差
A	3	11	3	10	7
B	1	9	2	8	6
C	7	4	10	5	
两最小元素之差			1	2	

表 5-2-19

	甲	乙	丙	丁	产量(a_i)
A			**5**		7
B	3				4
C		6		3	9
销量(b_j)	3	6	5	6	

表 5-2-20

	甲	乙	丙	丁	两最小元素之差
A	3	11	3	10	
B	1	9	2	8	
C	7	4	10	5	
两最小元素之差				2	

表 5-2-21

	甲	乙	丙	丁	产量(a_i)
A			5		7
B	3			**1**	4
C		6		3	9
销量(b_j)	3	6	5	6	

表 5-2-22

	甲	乙	丙	丁	两最小元素之差
A	3	11	3	10	
B	1	9	2	8	
C	7	4	10	5	
两最小元素之差					

表 5-2-23

	甲	乙	丙	丁	产量(a_i)
A			5	**2**	7
B	3			1	4
C		6		3	9
销量(b_j)	3	6	5	6	

　　由以上可见,伏格尔法同最小元素法除在确定供求关系的原则上不同外,其余步骤是完全相同的。一般而言,伏格尔法给出的初始解比最小元素法给出的初始解会更接近于最优解。

2.1.2　最优解的判别

　　判别的方法是计算空格(非基变量)的检验数,因运输问题的目标函数是最小化,故所有的检验数都大于等于零时为最优解。

　　对初始基可行解的最优性检验有闭合回路法和位势法两种基本方法。闭合回路法有具体、直接的优点,并为方案调整指明了方向;而位势法具有批处理的功能,提高了计算效率。

　　1. 闭合回路法

　　判断基可行解的最优性,需计算空格(非基变量)的检验数。闭合回路法即通过闭合回路求空格检验数的方法。

　　在给出的调整方案的计算表上,从某一空格出发找一条闭回路。它是以某一空格为起点,用水平或垂直线向前划,每碰到数字格转 90 度(或穿过)后,继续前进,直到回到起始空格为止。

　　从某一空格出发一定存在唯一的闭回路,因 $m+n-1$ 个数字格(基变量)对应的系数向量是一个基。任一空格(非基变量)对应的系数向量是这个基的线性组合。调整的步骤如下：

（1）先确定最小检验数：$\min\{\sigma_{ij} \mid \sigma_{ij} < 0\} = \sigma_{LK}$。

（2）找出以空格(L, K)为一个顶点，其余顶点全是数字格的闭回路；规定空格(L, K)为闭回路的第一个顶点，闭回路上其他顶点依次为第二顶点、第三顶点……取闭回路上偶数序号顶点的最小运量为调整量θ。

（3）闭回路上偶数序号顶点的运量都减θ，奇数号顶点运量都加θ，不在闭回路上的运量不变。

注意：若偶数序号顶点中有两个以上数字格运量等于调整量θ，则调整后仅让其中一个数字格变为空格，其他调整后记为0。

下面就以表5-2-6中给出的初始基可行解(最小元素法所给出的初始方案)为例，讨论闭合回路法。

从表5-2-6给定的初始方案的任一空格出发寻找闭合回路，如对于空格(A,甲)在初始方案的基础上将A生产的产品调运一个单位给甲，为了保持新的平衡，就要依次在(A,丙)处减少一个单位、(B,丙)处增加一个单位、(B,甲)处减少一个单位；即要寻找一条除空格(A,甲)之外其余顶点均为有数字格(基变量)组成的闭合回路。表5-2-24中用虚线画出了这条闭合回路。闭合回路顶点所在格括号内的数字是相应的单位运价，单位运价前的"＋""－"号表示运量的调整方向。

表 5-2-24

	甲	乙	丙	丁	产量(a_i)
A	（＋3）		**4**（－3）	3	7
B	**3**（－1）		**1**（＋2）		4
C		6		3	9
销量(b_j)	3	6	5	6	

对应这样的方案调整，运费会有什么变化呢？可以看出(A,甲)处增加一个单位，运费增加3个单位；在(A,丙)处减少一个单位，运费减少3个单位；在(B,丙)处增加一个单位，运费增加2个单位；在(B,甲)处减少一个单位，运费减少1个单位。增减相抵后，总的运费增加了1个单位。由检验数的经济含义可以知道，(A,甲)处单位运量调整所引起的运费增量就是(A,甲)的检验数，即$\sigma_{11} = 1$。仿照此步骤可以计算初始方案中所有空格的检验数，如表5-2-25至表5-2-30所示，表5-2-30给出了最终结果。可以证明，对初始方案中的每一个空格来说"闭合回路存在且唯一"。

表 5-2-25

	甲	乙	丙	丁	产量(a_i)
A	$\sigma_{11} = 1$	（＋11）	4	**3**（－10）	7
B	3		1		4
C		**6**（－4）		**3**（＋5）	9
销量(b_j)	3	6	5	6	

表 5-2-26

	甲	乙	丙	丁	产量(a_i)
A	$\sigma_{11}=1$	$\sigma_{12}=2$	**4**(+3)	**3**(−10)	7
B	3	(+9)	**1**(−2)		4
C		**6**(−4)		**3**(+5)	9
销量(b_j)	3	6	5	6	

表 5-2-27

	甲	乙	丙	丁	产量(a_i)
A	$\sigma_{11}=1$	$\sigma_{12}=2$	**4**(+3)	**3**(−10)	7
B	3	$\sigma_{22}=1$	**1**(−2)	(+8)	4
C		6		3	9
销量(b_j)	3	6	5	6	

表 5-2-28

	甲	乙	丙	丁	产量(a_i)
A	$\sigma_{11}=1$	$\sigma_{12}=2$	**4**(−3)	**3**(+10)	7
B	3	$\sigma_{22}=1$	1	$\sigma_{24}=-1$	4
C		6	(+10)	**3**(−5)	9
销量(b_j)	3	6	5	6	

表 5-2-29

	甲	乙	丙	丁	产量(a_i)
A	$\sigma_{11}=1$	$\sigma_{12}=2$	**4**(−3)	**3**(+10)	7
B	**3**(−1)	$\sigma_{22}=1$	**1**(+2)	$\sigma_{24}=-1$	4
C	(+7)	6	$s_{33}=12$	**3**(−5)	9
销量(b_j)	3	6	5	6	

表 5-2-30

	甲	乙	丙	丁	产量(a_i)
A	$\sigma_{11}=1$	$\sigma_{12}=2$	**4**	**3**	7
B	**3**	$\sigma_{22}=1$	**1**	$\sigma_{24}=-1$	4
C	$\sigma_{31}=10$	**6**	$\sigma_{33}=12$	**3**	9
销量(b_j)	3	6	5	6	

如果检验数表中所有数字均大于等于零,这表明对调运方案做出任何改变都将导致运费的增加,即给定的方案是最优方案。在表 5-2-30 中,$\sigma_{24}=-1$,说明方案需要进一步改进。

2. 位势法

对于特定的调运方案的每一行 i 给出一个因子 u_i(称为行位势),每一列给出一个因子 v_j(称为列位势),使对于目前解的每一个**基变量** x_{ij} 有 $c_{ij}=u_i+v_j$,这里的 u_i 和 v_j 可正、可负,也可以为零。那么任一**非基变量** x_{ij} 的检验数就是

$$\sigma_{ij}=c_{ij}-(u_i+v_j)$$

这一表达式完全可以通过先前所述的闭合回路法得到。在某一的闭合回路上(如表 5-2-31 所示),由于基变量的运价等于其所对应的行位势与列位势之和,即

$$c_{ik}=u_i+v_k,c_{ik}=u_l+v_k,c_{lj}=u_l+v_j$$

表 5-2-31

非基变量 $x_{ij}(+c_{ij})$	$(-c_{ik})$基变量 x_{ik}	u_i
基变量 $x_{lj}(-c_{lj})$	$(+c_{lk})$基变量 x_{lk}	u_l
v_j	v_k	

于是

$$\sigma_{ij}=c_{ij}-c_{ik}+c_{lk}-c_{lj}=c_{ij}-(u_i+v_k)+(u_l+v_k)-(u_l+v_j)$$

所以

$$\sigma_{ij}=c_{ij}-(u_i+v_j)$$

对于一个具有 m 个产地、n 个销地的运输问题,应有 m 个行位势、n 个列位势,即具有 $m+n$ 个位势。运输问题基变量的个数只有 $m+n-1$ 个,所以利用基变量所对应的 $m+n-1$ 个方程,求出 $m+n$ 个位势,进而计算各非基变量的检验数是不现实的。通常可以通过在这些方程中对任意一个因子假定一个任意的值(如 $u_1=0$ 等),再求解其余的 $m+n-1$ 个未知因子,这样就可求得所有空格(非基变量)的检验数。仍以表 5-2-6 中给出的初始基可行解(最小元素法所给出的初始方案)为例,讨论位势法求解非基变量检验数的过程。

第一步:把方案表中基变量格填入其相应的运价并令 $u_1=0$;让每一个基变量 x_{ij} 都有 $c_{ij}=u_i+v_j$,可求得所有的位势,如表 5-2-32 所示。

表 5-2-32

	甲	乙	丙	丁	u_i
A			**3**	**10**	**0**
B	**1**		**2**		-1
C		**4**		**5**	-5
v_j	2	9	3	10	

第二步:利用 $\sigma_{ij}=c_{ij}-(u_i+v_j)$ 计算各非基变量 x_{ij} 的检验数,结果见表 5-2-30。

2.1.3 方案的优化

在负检验数中找出最小的检验数,该检验数所对应的变量即为入基变量。在入基变

量所处的闭合回路上,赋予入基变量最大的增量,即可完成方案的优化。在入基变量有最大增量的同时,一定存在原来的某一基变量减少为"0",该变量即为出基变量。切记出基变量的"0"运量要用"空格"来表示,而不能留有"0"。

在表 5-2-30 中,$\min\{\sigma_{ij}\,|\,\sigma_{ij}<0\}=\sigma_{24}=-1$,故选择 x_{24} 为入基变量。在入基变量 x_{24} 所处的闭合回路上(表 5-2-33),赋予 x_{24} 最大的增量"1",相应地有 x_{23} 出基,$x_{13}=5$,$x_{14}=2$。利用闭合回路法或位势法计算各空格(非基变量)的检验数,可得表 5-2-34(同伏格尔法的初始解表 5-2-23)。

表 5-2-33

	甲	乙	丙	丁	产量(a_i)
A	$\sigma_{11}=1$	$\sigma_{12}=2$	**4**	**3**	7
B	**3**	$\sigma_{22}=1$	**1**	$\sigma_{24}=-1$	4
C	$\delta_{31}=10$	**6**	$\sigma_{33}=12$	**3**	9
销量(b_j)	3	6	5	6	

表 5-2-34

	甲	乙	丙	丁	产量(a_i)
A	$\sigma_{11}=1$	$\sigma_{12}=2$	**5**	**2**	7
B	**3**	$\sigma_{22}=2$	$\sigma_{23}=1$	**1**	4
C	$\sigma_{31}=9$	**6**	$\sigma_{33}=12$	**3**	9
销量(b_j)	3	6	5	6	

由于表 5-2-34 中的检验数均大于等于零,所以表 5-2-34(同伏格尔法所给出的初始解表 5-2-23)给出的方案是最优方案,最优方案的运费是 85 个单位。

任务三 产销不平衡问题

运输问题是符合一类数学模型问题的集合,它不仅可以解决产品运输问题,也可以解决符合这类模型特征的非产品运输问题;此外,运输问题并不要求一定有产销平衡的限制。本节将对这些运输问题的拓展问题进行讨论。

3.1 产大于销的运输问题

总产量大于总销量的运输问题即为产大于销的运输问题。产大于销的情况是经常发生的,此时的运输问题是在满足需求的前提下,使总运费最小。在实际问题中,产大于销意味着某些产品被积压在仓库中。可以这样设想,如果把仓库也看成是一个假想的销地,并令其销量刚好等于总产量与总销量的差;那么,产大于销的运输问题就转换成产销平衡的运输问题了。

假想一个销地,相当于在原产销关系表上增加一列。接下来我们关心的问题自然是这一假想列所对应的运价。由于假想的销地代表的是仓库,而我们优化的运费是产地与销地间的运输费用,并不包括厂内的运输费用;所以假想列所对应的运价都应取"0"。

至此,我们已经将产大于销的运输问题转换成产销平衡的运输问题,进一步的求解可利用上一节介绍的表上作业法来完成。

例 5-3-1 将表 5-3-1 所示的产大于销的运输问题转换成产销平衡的运输问题。

表 5-3-1

	甲	乙	丙	丁	产量(a_i)
A	3	11	3	10	7
B	1	9	2	8	4
C	7	4	10	5	12
销量(b_j)	3	6	5	6	

此运输问题的总产量为 23、总销量为 20,所以假设一个销地**戊**并令其销量刚好等于总产量与总销量的差"3"。取假想的**戊**列所对应的运价都为"0",可得如表 5-3-2 所示的产销平衡运输问题。

表 5-3-2

	甲	乙	丙	丁	戊	产量(a_i)
A	3	11	3	10	**0**	7
B	1	9	2	8	**0**	4
C	7	4	10	5	**0**	12
销量(b_j)	3	6	5	6	**3**	

3.2 销大于产的运输问题

总销量大于总产量的运输问题即为销大于产的运输问题。销大于产的运输问题追求的目标是在最大限度供应的前提下,使总运费最小。同产大于销的问题一样,可以这样设想,假想一个产地,并令其产量刚好等于总销量与总产量的差;那么,销大于产的运输问题不也同样可以转换成产销平衡的运输问题了吗?

假想的产地并不存在,于是各销地从假想产地所得到的运量,实际上所表示的是其未满足的需求。由于假想的产地与各销地之间并不存在实际的运输,所以假想的产地行所有的运价都应该是"0"。至此,我们又将销大于产的运输问题转换成了产销平衡的运输问题。

例 5-3-2 将表 5-3-3 所示的销大于产的运输问题转换成产销平衡的运输问题。

表 5-3-3

	甲	乙	丙	丁	产量(a_i)
A	3	11	3	10	7
B	1	9	2	8	4
C	7	4	10	5	9
销量(b_j)	11	6	5	6	

此运输问题的总产量为 20、总销量为 28，所以假设一个产地 D 并令其产量刚好等于总销量与总产量的差"8"。令假想的 D 行所对应的运价都为"0"，可得表 5-3-4 所示的产销平衡运输问题。

表 5-3-4

	甲	乙	丙	丁	产量(a_i)
A	3	11	3	10	7
B	1	9	2	8	4
C	7	4	10	5	9
D	**0**	**0**	**0**	**0**	**8**
销量(b_j)	11	6	5	6	

任务四 运输问题的软件求解

用 WinQSB 求解图与网络相关问题，主要使用到的是该软件的"Network modeling"（网络模型）模块。

我们用 WinQSB 软件求解例 5-2-1。

（1）单击"开始—程序—WinQSB—Network Modeling"。

（2）在问题描述窗口选择"Transportation Problem"（运输问题），填入问题名称（Problem Title）、产地数（Number of Sources）和销地数（Number of Destinations），选择 Objective Criterion（目标函数的类型）和 Data Entry Format（数据的输入格式），单击"OK"按钮，见图 5-4-1。

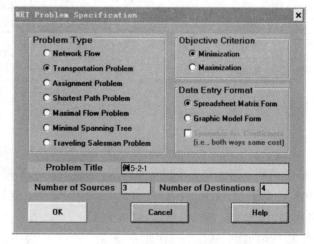

图 5-4-1

(3) 输入相关数据,见图 5-4-2。

From \ To	Destination 1	Destination 2	Destination 3	Destination 4	Supply
Source 1	3	11	3	10	7
Source 2	1	9	2	8	4
Source 3	7	4	10	5	9
Demand	3	6	5	6	

图 5-4-2

(4) 点击求解,求解结果见图 5-4-3。

05-22-2016	From	To	Shipment	Unit Cost	Total Cost	Reduced Cost
1	Source 1	Destination 1	2	3	6	0
2	Source 1	Destination 3	5	3	15	0
3	Source 2	Destination 1	1	1	1	0
4	Source 2	Destination 4	3	8	24	0
5	Source 3	Destination 2	6	4	24	0
6	Source 3	Destination 4	3	5	15	0
Total	Objective	Function	Value =		85	

图 5-4-3

任务五　运输问题的应用案例

例 5-5-1　设有三个化肥厂供应四个地区的化肥需求,假定等量化肥在这些地区的使用效果相同。各化肥厂年产量、各地区年需要量及从各化肥厂到各地区运送单位化肥的单位运价如表 5-5-1 所示,试求出总的运费最节省的化肥调拨方案。

表 5-5-1　　　　　　　　　　　　　　　　　　　　　　　　(单位:万吨)

		地区 1	地区 2	地区 3	地区 4	年产量
化肥厂 A		16	13	22	17	50
化肥厂 B		14	13	19	15	60
化肥厂 C		19	20	23	M	50
年需要量	最低需求	30	70	0	10	
	最高需求	50	70	30	不限	

这是一个产销不平衡的运输问题,总产量为 160 万吨,四个地区的最低需求为 110 万吨,最高需求为无限。根据现有产量,除满足地区 1、地区 2 和地区 3 的最低需求外,地区 4 每年最多能分配到 60 万吨(=160-30-70-0),这样其不限的最高需求可等价认为是 60 万吨。按最高需求分析,总需求为 210 万吨,大于总产量 160 万吨,将此问题定义为销大于产的运输问题。为了求得平衡,在产销平衡表中增加一个假想的化肥厂 D,令其年产量为 50 万吨(=210-160)。各地区的需要量包含最低和最高两部分:如地区 1,其中 30

万吨是最低需求,故这部分需求不能由假想的化肥厂 D 来供给,因此相应的运价定义为任意大正数 M;而另一部分 20 万吨满足与否都是可以的,因此可以由假想化肥厂 D 来供给,按前面讲的,令相应运价为"0"。凡是需求分两种情况的地区,实际上可按照两个地区来看待,这样可以将表 5-5-1 所示的运输问题转换为表 5-5-2 所示的运输问题。

表 5-5-2 (单位:万吨)

	地区 1	地区 1	地区 2	地区 3	地区 4	地区 4	年产量
化肥厂 A	16	16	13	22	17	17	50
化肥厂 B	14	14	13	19	15	15	60
化肥厂 C	19	19	20	23	M	M	50
化肥厂 D	M	0	M	0	M	0	**50**
年需要量	30	20	70	30	10	50	

用表上作业法计算,可以求得这个问题的最优方案,如表 5-5-3 所示。

表 5-5-3 (单位:万吨)

	地区 1	地区 1	地区 2	地区 3	地区 4	地区 4	年产量
化肥厂 A			50				50
化肥厂 B			20		10	30	60
化肥厂 C	30	20	0				50
化肥厂 D				**30**		**20**	**50**
年需要量	30	20	70	30	10	50	

例 5-5-2 年度生产计划安排问题 已知前两年这种产品的生产费用为每件 10 元,后两年为每件 15 元。四年对该产品的需求分别为 300 件、700 件、900 件、800 件,而且需求必须得到满足。工厂生产该产品的能力是每年 700 件;此外,工厂可以在第二、第三两个年度里组织加班,加班期间内可生产该种产品 200 件,每件生产费用比正常时间增加了 5 元。多余的产品可以以每年每件 3 元的费用储存。问如何制订生产计划,才能在保证需求的前提下使总费用最小。

解:将此问题作为运输问题来处理,产品的年度生产为产地、年度需求为销地并设:

x_{1j}——第一年生产的第 j 年需要的产品数量($j=1,2,3,4$);

x_{2j}——第二年正常时间生产的第 j 年需要的产品数量($j=2,3,4$);

$x_{2'j}$——第二年加班时间生产的第 j 年需要的产品数量($j=2,3,4$);

x_{3j}——第三年正常时间生产的第 j 年需要的产品数量($j=3,4$);

$x_{3'j}$——第三年加班时间生产的第 j 年需要的产品数量($j=3,4$);

x_{4j}——第四年生产的第 j 年需要的产品数量($j=4$);

四年的总销量是 2 700 件,按组织加班考虑,总产量是 3 200 件,总产量大于总销量。假设一个销地 D,等价的平衡运输问题如表 5-5-4 所示。此时这一问题完全可以通过表上作业法求解,求解略。

表 5-5-4

	第1年	第2年	第3年	第4年	假设销地D	产　量
第1年	10	13	16	19	**0**	700
第2年	M	10	13	16	**0**	700
第2年(加)	M	15	18	21	**0**	200
第3年	M	M	15	18	**0**	700
第3年(加)	M	M	20	23	**0**	200
第4年	M	M	M	15	**0**	700
销　量	300	700	900	800	**500**	3 200

任务六　运输问题的应用练习

1. 表 5-6-1 和表 5-6-2 分别给出了各产地和各销地的产量和销量,以及各产地至各销地的单位运价,试用表上作业法求最优解。

表 5-6-1

销地 产地	B_1	B_2	B_3	B_4	产　量
A_1	3	6	2	6	55
A_2	5	3	6	4	70
A_3	9	7	7	8	75
销　量	40	45	55	60	200

表 5-6-2

销地 产地	B_1	B_2	B_3	B_4	产　量
A_1	9	5	6	7	30
A_2	7	2	7	6	25
A_3	8	3	4	8	45
销　量	20	20	25	35	100

2. 试求表 5-6-3 给出的产销不平衡运输问题的最优解。

表 5-6-3

产地＼销地	B₁	B₂	B₃	B₄	产　量
A₁	2	11	3	4	7
A₂	10	3	5	9	5
A₃	7	8	1	2	7
销　量	2	3	4	6	

3. 如表 5-6-4 所示的运输问题中,若产地有一个单位物资未运出,则将发生储存费用。假定产地 1、2、3 单位物资储存费用分别为 5、4、3。又假定产地 2 的物资至少运出 38 个单位,产地 3 的物资至少运出 27 个单位,试求解此运输问题的最优解。

表 5-6-4

产地＼销地	A	B	C	产　量
1	1	2	2	20
2	1	4	5	40
3	2	3	3	30
销　量	30	20	20	

4. 某公司有 A₁、A₂、A₃ 三个分厂已分别制造了同一产品 3 500 件、2 500 件、5 000 件。在公司生产前已有 B₁、B₂、B₃、B₄ 四个客户分别订货 1 500 件、2 000 件、3 000 件、3 500 件。客户 B₁、B₂ 在了解到公司完成订货任务后,产品有 1 000 件剩余,因此都想增加订货购买剩余的 1 000 件产品。公司卖给客户的产品利润(元/件)见表 5-6-5。试求公司如何安排供应才能使总利润最大。

表 5-6-5

产地＼客户	B₁	B₂	B₃	B₄
A₁	10	5	6	7
A₂	8	2	7	6
A₃	9	3	4	8

5. 某电站设备制造厂根据合同要从当年起连续三年年末各提供三种规格型号相同的大型电站设备。已知该厂这三年内生产大型电站设备的能力及每套电站设备成本如表 5-6-6 所示。

表 5-6-6

年 度	正常生产时间内可完成的电站设备数	加班生产时间内可完成的电站设备数	正常生产时每套成本(万元)
一	2	3	500
二	4	2	600
三	1	3	550

已知加班生产时,每套电站设备成本比正常生产时高出 70 万元,又知造出来的电站设备如当年不交货,每套每积压一年造成积压损失为 40 万元。在签订合同时,该厂已积压了两套未交货的电站设备,而该厂希望在第三年年末完成合同后还能储存一套备用。问该厂如何安排每年电站设备的生产量,使在满足上述各项要求的情况下,总的生产费用为最少。

6. 某玩具公司生产 A、B、C 三种玩具,每月的生产能力分别为 1 000 件、2 000 件、2 000 件。玩具被运至甲、乙、丙三个百货商店销售。已知各百货商店每月对三种型号玩具的总销量都是 1 500 件,由于经营环境的原因,各商店销售不同型号玩具的盈利不同,具体数据见表 5-6-7。又已知丙商店要求至少供应 1 000 件 C 型玩具且拒绝 A 型玩具。求能够满足上述条件而又使总盈利最大的供销分配方案。

表 5-6-7

	甲	乙	丙
A	5	4	0
B	16	8	9
C	12	10	11

7. 已知某厂每月最多生产甲产品 270 吨,先运至 A_1、A_2、A_3 三个仓库,然后再分别供应 B_1、B_2、B_3、B_4、B_5 五个用户。已知三个仓库的容量分别为 50 吨、100 吨、150 吨,各用户的需要量分别为 25 吨、105 吨、60 吨、30 吨、70 吨。已知从该厂经由各仓库然后供应各用户的储存和运输费用如表 5-6-8 所示。试确定一个使总费用最低的调运方案。

表 5-6-8

	B_1	B_2	B_3	B_4	B_5
A_1	10	15	20	20	40
A_2	20	40	15	30	30
A_3	30	35	40	55	25

8. 已知某运输问题的单位运价及最优调运方案如表 5-6-9 所示(括号中的数据代表运输数量),由于产地 A_2 至销地 B_2 的道路关闭,故最优调运方案将发生变化,试在原最优调运方案的基础上,寻找新的最优调运方案。

表 5-6-9

	B₁	B₂	B₃	B₄	B₅	a_i
A₁	10	20	5(4)	9(5)	10	9
A₂	2	10(4)	10	30	6	4
A₃	1(3)	20(1)	7	10(1)	4(3)	8
b_j	3	5	4	6	3	

9. 已知某运输问题的单位运价及最优调运方案如表 5-6-10 所示,试回答下述问题:

表 5-6-10

	B₁	B₂	B₃	B₄	B₅	B₆	a_i
A₁	2(20)	1(30)	3	3	3	5	50
A₂	4	2(20)	2(20)	4	4	4	40
A₃	3(10)	5	4	2(39)	4	1(11)	60
A₄	4	2	2	1(1)	2(30)	2	31
b_j	30	50	20	40	30	11	

(1) A₁ 到 B₂、A₃ 到 B₅ 和 A₄ 到 B₁ 的单位运价,分别在什么范围内变化时上表中给出的最优方案不变;

(2) 若 A₁ 到 B₂ 的单位运价由 1 变为 3,最优方案将发生怎样的变化;

(3) 若 A₃ 到 B₅ 的单位运价由 4 变为 2,最优方案将发生怎样的变化。

实训四　运输问题

一、实训项目

运输问题

二、实训目的

(1) 会建立运输规划模型;

(2) 会用表上作业法求解产销平衡问题;

(3) 会用表上作业法求解产销不平衡问题;

(4) 会用 WinQSB 软件求解运输问题。

三、实训形式与程序

课堂练习加上机操作

四、实训学时

2 个学时

五、实训内容

1. 某商品有 A_1、A_2、A_3 三个产地，B_1、B_2、B_3、B_4 四个销地，产地与销地之间的运价以及最近一段时间的供需情况见下表，试用表上作业法编制最优调运方案，并用 WinQSB 软件进行求解结果的检查。

	B_1	B_2	B_3	B_4	产 量
A_1	8	5	6	7	25
A_2	10	2	7	6	25
A_3	9	3	4	9	80
需求量	45	20	30	35	130

2. 某电子公司有三个分厂生产电子显像管，最近家电市场萎缩，总产量已经超过了总需求量。现在，有四个客户已经下了订单，已知三个分厂的产量和四个客户的需求量，另外，由于该公司旗下的三个分厂分布在不同的地区，下订单的四个客户也分布在不同的地区，从不同的分厂给不同的客户送货，运输成本是不同的，具体运输成本见下表。试为该公司编制一个总送货成本最低的供货方案，并用 WinQSB 软件进行求解结果的检查。

	B_1	B_2	B_3	B_4	产 量
A_1	2	6	5	3	50
A_2	1	3	2	1	40
A_3	3	2	7	4	30
需求量	30	30	20	20	

项目六　网络计划技术

 **教学目标**

知识目标	（1）了解网络计划技术的应用范围； （2）理解并掌握网络计划技术的含义； （3）理解并掌握网络计划技术的编制程序； （4）了解网络图的基本概念； （5）理解并掌握网络图的绘制原则； （6）理解并掌握网络时间参数的基本含义； （7）理解并掌握关键路线的含义； （8）理解并掌握网络计划优化的方法。
技能目标	（1）具有针对实际问题画出网络图的能力； （2）能对网络图中各种时间参数进行正确的计算； （3）能准确地找出网络图中的关键路线； （4）能利用网络计划技术进行项目的进步安排； （5）能利用网络计划技术进行各种资源的优化； （6）能正确应用 WinQSB 软件求解网络计划问题。

 **学习时间**

12 学时

内容简介

网络计划技术起源于美国，是项目计划管理的重要方法。从 1956 年起，美国就有一些数学家和工程师开始探讨这方面的问题。1957 年，美国杜邦化学公司首次采用了一种新的计划管理力法，即关键路线法（critical path method，CPM），第一年就节约了 100 多万美元，相当于该公司用于研究发展 CPM 所花费用的 5 倍多。1958 年，美国海军武器局特别规划室在研制北极星导弹潜艇时，应用了被称为计划评审技术（program evaluation and review technique，PERT）)的计划方法，使北极星导弹潜艇比预定计划提前两年完成。统计资料表明，在不增加人力、物力、财力的既定条件下，采用 PERT 就可以使进度提升 15％～20％，节约成本 10％～15％。

我国应用网络计划技术是从 20 世纪 60 年代初期开始。著名科学家钱学森将网络计划方法引入我国,并在航天系统应用。著名数学家华罗庚在综合研究各类网络方法的基础上,结合我国实际情况加以简化,于 1965 年发表了《统筹方法平话》,为推广应用网络计划方法奠定了基础。近几年,随着科技的发展和进步,网络计划技术的应用也日益得到了工程管理人员的重视,且已取得可观的经济效益。例如,上海宝钢炼铁厂 1 号高炉土建工程施工中,应用网络计划技术,缩短工期 21%,降低成本 9.8%;广州白天鹅宾馆在建设中运用网络计划技术,工期比签订的合同提前了四个半月,仅投资利息就节约 1 000 万港币。由此可见,网络计划技术在我国各类大型工程项目的管理中已经得到普遍应用。

【引例】

物流配送中心建设项目:某物流公司从某跨国公司成功中标了一个配送中心的建设项目,该跨国公司要求物流公司在半年(180 天)内按照其要求建成该配送中心,为确保该建设项目能够按期完成,物流公司安排了最好的项目管理人员小张担任项目经理。如果你是小张,你该如何进行项目的时间进度安排,才能确保该项目按期完工?

任务一 网络计划技术的基本概念

20 世纪 50 年代以来,国外陆续出现了一些计划管理的新方法,这些方法都是建立在网络模型的基础上的,称为网络计划技术,我国著名数学家华罗庚将这些方法总结概括为统筹方法。

网络计划技术的基本原理是:首先应用网络图来表示工程项目中计划要完成的各项工作,完成各项工作必然存在先后顺序及其相互依赖的逻辑关系,这些关系用节点、箭线来构成网络图。网络图由左向右绘制,表示工作进程,并标注工作名称、代号和工作持续时间等必要信息。通过对网络图进行时间参数的计算,找出计划中的关键工作和关键路线。通过不断改进网络计划,寻求最优方案,以求在计划执行过程中对计划进行有效的控制与监督,保证合理地使用人力、物力和财力,以最小的消耗取得最大的经济效果。

1.1 工序

任何一项工程项目,都包含很多项待完成的任务,具有具体内容并要经过一定时间才能完成的任务叫做**工序**。

所谓具体内容,即需要人力、物力、财力的投入;工作过程是指有开始、延续和结束时间;工序所需要的延续时间长度,叫做**工序时间**。

工序是某项计划中的一些相对独立和相互关联的工作或任务。在网络图中工序用箭线表示,箭尾表示工序的开始,箭头表示工序的完成,箭头的方向表示工序的前进方向(一般为从左至右或从上至下),工序的名称或编号写在箭线的上面,工序的持续时间写在箭线的下面。

例如,某延续时间为 5 天的工序 a 可以用图 6-1-1 表示。

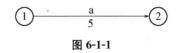

图 6-1-1

1.2　节点

节点也叫事项,表示工序的开始或者结束,是相邻工序在时间上的分界点。

节点只是一个瞬间概念,和工序不同,节点并不消耗资源和时间。节点在网络图中用带圈的数字来表示,数字表示节点的编号。网络图中的第一个节点称为始点,最后一个节点称为终点。节点的表示方法见图 6-1-1。

1.3　紧前工序和紧后工序

在网络图的绘制过程中,用紧前工序或紧后工序来表示工程项目中工序和工序之间的关系。紧前工序是指紧排在本工序之前的工序,紧后工序是指紧排在本工序之后的工序。如图 6-1-2 所示,工序 a 完成后工序 b 就可以立即开始,称工序 a 为工序 b 的紧前工序,工序 b 为工序 a 的紧后工序。

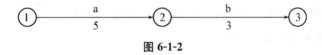

图 6-1-2

1.4　虚工序

在网络图中,只表示相邻工作之间的逻辑关系,不占用时间和不消耗人力、资源等的虚设的工作称为**虚工序**。虚工序用虚箭线----▶表示,虚工序的持续时间为 0。

虚工序应用举例如下:

(1) 当一项活动完成后,同时有几项活动可以进行,且这几项活动都完成后,后续活动才能开始,如图 6-1-3 所示。

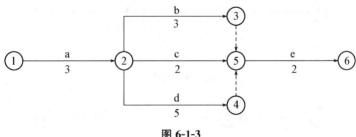

图 6-1-3

(2) 若多个工序有共同的紧后工序,而其中的某个工序又有自己独立的紧后工序,如图 6-1-4 所示。

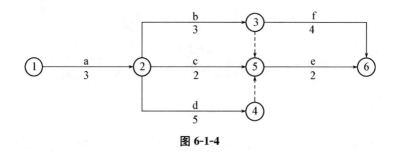

图 6-1-4

1.5 网络图

网络图又称箭线图。在一项工程项目的组织安排中,将总任务分解为若干工序,找出工序与工序之间的先后关系以及每道工序的持续时间,并在此基础上建立工序明细表;然后根据这个明细表,用图论的方法,按工序之间的先后关系及工序的持续时间做出一张赋权有向图;最后对所有节点进行顺序编号,就建立了该工程项目的一张网络图。简单地讲,由箭线、节点、工序名称或编号、工序持续时间等参数所构成的箭线图称为网络图。

一般地,网络图的建立分为以下三步:

(1) 根据各工作的先后顺序和持续时间建立工序明细表;

(2) 根据工序明细表以及网络图的绘制规则作出赋权有向图;

(3) 对图进行标注和顺序标号。

1.6 网络图的基本绘制原则

一张正确的网络图,不但需要明确地表达出项目中各工序的内容,而且还要准确地表达出各工序之间的先后顺序和相互关系,因此,绘制网络图必须要遵守一定的规则。

1.6.1 方向与节点编号

绘制网络图时,一般从左到右或从上到下进行。在网络图中,每个节点必须附有编号,而且箭头节点的编号必须大于箭尾节点的编号。具体绘制方法见图 6-1-5。

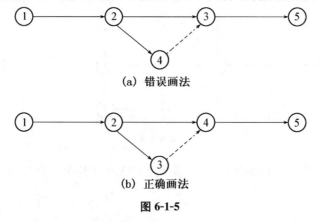

(a) 错误画法

(b) 正确画法

图 6-1-5

1.6.2 工序的先后顺序和逻辑关系

绘制网络图时,要正确反映各工序的先后顺序和工序与工序之间的逻辑关系。表6-1-1列出了网络图中工序与工序的先后顺序和逻辑关系的基本绘制方法。

表 6-1-1

序　号	工序间关系	图　例
1	a,b,c 依次完成	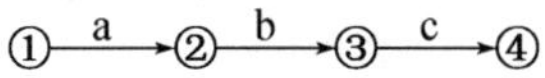
2	a 完成后 b,c 开始	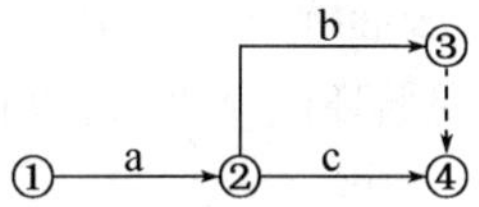
3	a,b 完成后 c 开始	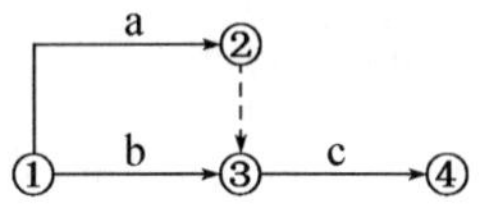
4	a,b,c 同时开始	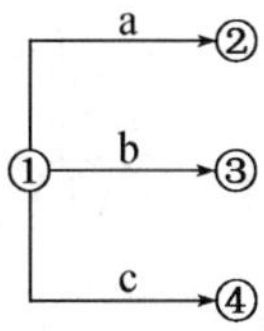
5	a,b,c 同时结束	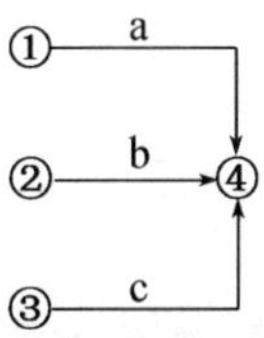
6	a,b 完成后 c,d 开始	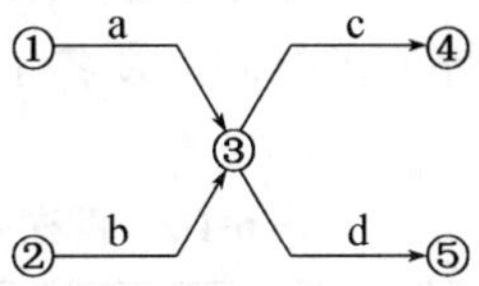
7	a 完成后 b,c 开始;b,c 完成后 d 开始	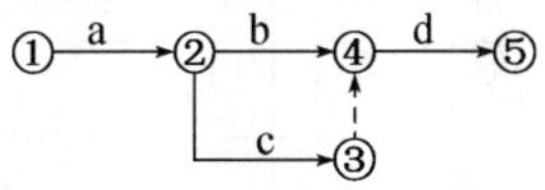
8	a,b 完成后 c 开始;b 完成后 d 开始	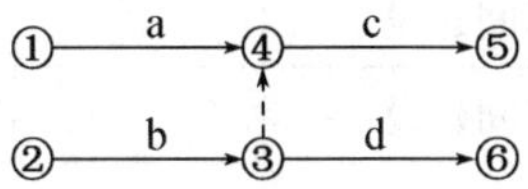

1.6.3 相邻两个节点之间只能有一条弧

网络图中不得有两个以上的箭线同时从一个节点发出且同时指向另一个节点,如图6-1-6所示。

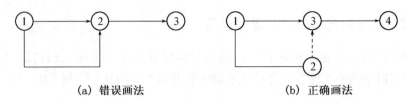

(a) 错误画法   (b) 正确画法

图 6-1-6

1.6.4　网络图中不能有缺口和回路

在网络图中,除起点和终点外,其他各个节点前后都应该有箭线连接,不能有缺口,否则,项目将无法继续下去。图 6-1-7(a)所示网络图是错误的。在网络图中,不能有回路,否则就会出现循环回路,项目也将无法往前进行。图 6-1-7(b)所示的画法也是错误的。

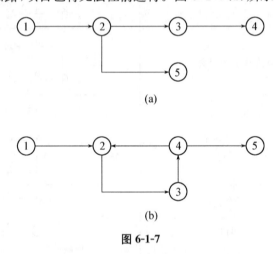

图 6-1-7

例 6-1-1　某物流公司从某跨国公司成功中标了一个配送中心的建设项目,该建设项目各项工序所需时间以及各工序之间的相互关系见表 6-1-2,试绘制该建设项目的网络图。

表 6-1-2　配送中心建设项目各工序所需时间及其相互关系

工　序	工序代号	所需时间(天)	紧后工序
测量设计	a	60	b,c,d
仓库建设	b	35	e
分拣车间建设	c	30	f,g
配送车间建设	d	40	g
存贮设备安装	e	15	i
分拣设备安装	f	20	h
配送设备安装	g	15	i
分拣设备调试	h	25	i
总调试	i	35	

根据网络图的绘制方法和原则,表6-1-2所对应的网络图如图6-1-8所示。

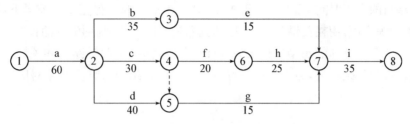

图6-1-8　配送中心建设项目的网络图

任务二　网络时间的计算和关键路线的确定

2.1　路线

在网络图中,从起点到终点的路称为**路线**。在图6-1-8中,一共有4条路线,每条路线的组成及其所需时间见表6-2-1。

表6-2-1

路　线	路线的组成	所需时间(天)
1	①→②→③→⑦→⑧	145
2	①→②→④→⑥→⑦→⑧	170
3	①→②→④→⑤→⑦→⑧	140
4	①→②→⑤→⑦→⑧	150

2.2　关键路线和关键工序

在网络图中,往往有多条路线,其中需要时间最长的路线称为**关键路线,**如图6-1-8所示网络图的关键路线为2号路线。

关键路线中的每一道工序都叫**关键工序**。如果能缩短关键工序的时间,就可以缩短整个工程项目的完工时间;而缩短非关键工序的时间,却不能缩短整个工程项目的完工时间。

网络计划技术的基本思想就是:通过已知条件绘制出工程项目的网络图,在网络图中找出关键路线和关键工序,利用"向关键路线要时间,向非关键路线要资源"的指导思想,即对各关键工序优先安排资源,挖掘潜力,采取措施,尽量压缩关键工序的时间,从而压缩整个工程项目的完工时间,而对非关键工序,只要在不影响工程完工的前提下,抽出适当的人力、物力等资源,用在关键工序上,以达到缩短工期,合理利用资源的目的。

对于例 6-1-1 这样的小型项目来说,可以用穷举法找出关键路线和关键工序,但是,对于规模较大的复杂项目,穷举法就不可行了。下面介绍通过计算网络时间寻找关键路线的方法。

2.3 工序作业时间

完成某一工序所需要的时间,称为该工序的**作业时间**,用 $T(i,j)$ 表示,其中 i 为该工序箭尾节点序号,j 为该工序箭头节点序号。

工序作业时间的确定有两种方法:定额计算法(确定型算法)和三时估算法(概率型算法)。

2.3.1 定额计算法

在具有定额资料和劳动量定额的任务中,可以根据已知的定额资料来确定工序的作业时间;若不具有这些定额资料,但拥有该工作或同类工作的时间消耗的统计资料,也可以参照这些统计资料来确定作业时间

$$T(i,j)=\frac{Q}{R \cdot S}$$

式中,$T(i,j)$ 为工序作业时间,用月、周、日等表示;Q 为工作总的工程量;R 为每天工作的人数;S 为工效定额。

例 6-2-1 某设备工程基础土方工程量为 1 000 m³,其工作定额为 5 m³/日,计划每天安排 2 班,每班 10 名工人工作,则该项工程活动的持续时间为多少天?

解:已知 $Q=1\,000$ m³,$R=20$ 人,$S=5$ m³/日

$$T(i,j)=\frac{1\,000}{20 \times 5}=10(天)$$

因此,该工序的作业时间为 10 天。

2.3.2 三时估算法

在不具有上述定额资料和统计资料时,可以采用三时估算法来确定工作的时间。

用这种方法计算工序的作业时间需要先估算下面 3 种时间。

乐观时间(a):在顺利条件下,工序最快完成时间;

悲观时间(b):在不顺利条件下,工序最慢完成时间;

最可能时间(m):在正常条件下,工序最可能完成时间。

这样,利用以上 3 种时间,每道工序的期望作业时间可估算为

$$T(i,j)=\frac{a+4m+b}{6}$$

工序的期望作业时间的可靠性可以用方差(σ^2)来表示,方差的数值越大,表明工作时间概率分布的离散程度越大,期望值的可靠性就越小;方差的数值越小,表明工作时间概

率分布的离散程度越小，期望值的可靠性就越大。方差的计算公式为

$$\sigma^2 = \left(\frac{b-a}{6}\right)^2$$

例 6-2-2 某工作最乐观估计时间为 10 天，最悲观估计时间为 14 天，最可能估计时间为 12 天，试计算该工作的期望作业时间和方差。

解：$T(i,j) = \dfrac{a+4m+b}{6} = \dfrac{10+4\times12+14}{6} = 12$（天）

$$\sigma^2 = \left(\frac{b-a}{6}\right)^2 = \left(\frac{14-10}{6}\right)^2 = 0.448$$

2.4 节点时间

节点本身并不占用时间，节点时间只表示某道工序在某一时刻的开始或结束。节点时间有节点最早时间和节点最迟时间。

2.4.1 节点最早时间

节点最早时间（earliest time for an event）是指以该节点为起点的各工序的最早开工时刻，记 $T_{E(j)}$。

节点最早时间的计算应从起点开始，自左向右，顺着箭线方向逐个计算。

假定始点为起点的工序最早开工时间等于零：$T_{E(1)} = 0$；其余各点最早开工时间 $T_{E(j)} = \max\{T_{E(i)} + T(i,j)\}$，其中 $T_{E(i)}$ 为箭尾节点的最早时间。

以图 6-1-8 为例，计算各节点的最早时间：

$T_{E(1)} = 0$

$T_{E(2)} = T_{E(1)} + T(1,2) = 0 + 60 = 60$

$T_{E(3)} = T_{E(2)} + T(2,3) = 60 + 35 = 95$

$T_{E(4)} = T_{E(2)} + T(2,4) = 60 + 30 = 90$

$T_{E(5)} = \max\{T_{E(2)} + T(2,5), T_{E(4)} + T(4,5)\} = \max\{60 + 40, 90 + 0\} = 100$

$T_{E(6)} = T_{E(4)} + T(4,6) = 90 + 20 = 110$

$T_{E(7)} = \max\{T_{E(3)} + T(3,7), T_{E(6)} + T(6,7), T_{E(5)} + T(5,7)\}$
$\qquad = \max\{95 + 15, 110 + 25, 100 + 15\} = 135$

$T_{E(8)} = T_{E(7)} + T(7,8) = 135 + 35 = 170$

节点最早时间计算出来以后，将计算结果标注在网络图上，具体标注方法为标注在节点的左下角，并用方框框上，如图 6-2-1 所示。

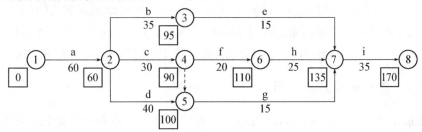

图 6-2-1

2.4.2 节点最迟时间

节点最迟时间(latest time for an event)是指以该节点为起点的各工序的最迟开工时刻,记 $T_{L(j)}$。

节点最迟时间的计算应从终点开始,自右向左,逆箭线方向逐个计算。

当项目有规定的完工期限时,终点的最迟时间就是规定的完工期限;若项目没有规定的完工期限,终点的最迟时间就是该点的最早时间。

其余各点的最迟时间 $T_{L(i)}=\min\{T_{L(j)}-T(i,j)\}$,其中 $T_{L(j)}$ 为箭头节点的最迟时间。

我们仍以图 6-1-8 为例,计算各节点的最迟时间:

$T_{L(8)}=170$

$T_{L(7)}=T_{L(8)}-T(7,8)=170-35=135$

$T_{L(6)}=T_{L(7)}-T(6,7)=135-25=110$

$T_{L(5)}=T_{L(7)}-T(5,7)=135-15=120$

$T_{L(4)}=\min\{T_{L(6)}-T(4,6),T_{L(5)}-T(4,5)\}=\min\{110-20,120-0\}=90$

$T_{L(3)}=T_{L(7)}-T(3,7)=135-15=120$

$T_{L(2)}=\min\{T_{L(3)}-T(2,3),T_{L(4)}-T(2,4),TL(5)-T(2,5)\}$

$\qquad =\min\{120-35,90-30,120-40\}=60$

$T_{L(1)}=T_{L(2)}-T(1,2)=60-60=0$

同样地,节点最迟时间计算出来以后,将计算结果标注在网络图上,具体标注方法为标注在节点的右下角,并用三角框框上,如图 6-2-2 所示。

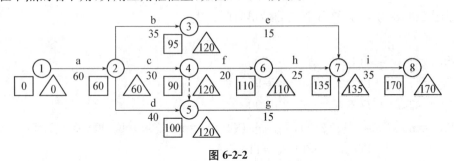

图 6-2-2

2.5 工序时间

在计算了节点时间之后就可以计算网络图中的各个工序时间了。工序时间有以下 4个:工序最早开工时间(earliest start time for an activity)、工序最早完工时间(earliest finish time for an activity)、工序最迟完工时间(latest finish time for an activity)、工序最迟开工时间(latest start time for an activity)。下面分别介绍每个工序时间的概念和计算方法。

2.5.1 工序最早开工时间

工序最早开工时间用 $T_{ES}(i,j)$ 表示。一道工序开工的前提条件是它的所有紧前工序全部完工，工序最早开工时间等于该工序箭尾节点的最早时间，即 $T_{ES}(i,j)=T_{E(i)}$。

在图 6-1-8 中，各工序的最早开工时间如下：

$T_{ES}(1,2)=0$　　$T_{ES}(2,3)=60$　　$T_{ES}(2,4)=60$　　$T_{ES}(2,5)=60$

$T_{ES}(3,7)=95$　　$T_{ES}(4,5)=90$　　$T_{ES}(4,6)=90$　　$T_{ES}(6,7)=110$

$T_{ES}(5,7)=100$　　$T_{ES}(7,8)=135$

2.5.2　工序最早完工时间

工序最早完工时间用 $T_{EF}(i,j)$ 表示。在知道工序的最早开工时间之后，工序最早完工时间等于该工序最早开工时间加上工序的作业时间，即 $T_{EF}(i,j)=T_{ES}(i,j)+T(i,j)$。

在图 6-1-8 中，各工序的最早完工时间计算如下：

$T_{EF}(1,2)=0+60=60$　　$T_{EF}(2,3)=60+35=95$　　$T_{EF}(2,4)=60+30=90$

$T_{EF}(2,5)=60+40=100$　　$T_{EF}(3,7)=95+15=110$　　$T_{EF}(4,5)=90+0=90$

$T_{EF}(4,6)=90+20=110$　　$T_{EF}(6,7)=110+25=135$

$T_{EF}(5,7)=100+15=115$　　$T_{EF}(7,8)=135+35=170$

2.5.3　工序最迟完工时间

工序最迟完工时间是指在不影响项目的整个工期以及不影响其紧后工序按时开工的情况下，工序最迟完工的时间，用 $T_{LF}(i,j)$ 表示。工序最迟完工时间等于该工序箭头节点的最迟时间，即 $T_{LF}(i,j)=T_{L(j)}$。

在图 6-1-8 中，各工序的最迟完工时间如下：

$T_{LF}(1,2)=60$　　$T_{LF}(2,3)=120$　　$T_{LF}(2,4)=90$　　$T_{LF}(2,5)=120$

$T_{LF}(3,7)=135$　　$T_{LF}(4,5)=120$　　$T_{LF}(4,6)=110$　$T_{LF}(6,7)=135$

$T_{LF}(5,7)=135$　　$T_{LF}(7,8)=170$

2.5.4　工序最迟开工时间

工序最迟开工时间用 $T_{LS}(i,j)$ 表示。工序最迟开工时间是指为了不影响紧后工序的如期开工，工序最迟必须开工的时间。在知道工序的最迟完工时间之后，工序最迟开工时间等于该工序最迟完工时间减去工序的作业时间，即 $T_{LS}(i,j)=T_{LF}(i,j)-T(i,j)$。

在图 6-1-8 中，各工序的最迟开工时间计算如下：

$T_{LS}(1,2)=60-60=0$　　$T_{LS}(2,3)=120-35=85$　　$T_{LS}(2,4)=90-30=60$

$T_{LS}(2,5)=120-40=80$　$T_{LS}(3,7)=135-15=120$　　$T_{LS}(4,5)=120-0=120$

$T_{LS}(4,6)=110-20=90$　$T_{LS}(6,7)=135-25=110$　　$T_{LS}(5,7)=135-15=120$

$T_{LS}(7,8)=170-35=135$

2.6　工序总时差

工序总时差是指在不影响整个工程项目完工时间的条件下，某工序可以推迟其开工时间或者完工时间的最大幅度，工序总时差用 $S(i,j)$ 表示。

工序总时差等于该工序的最迟开工时间与最早开工时间之差,也等于该工序的最迟完工时间与最早完工时间之差。其计算公式为

$$S(i,j)=T_{LS}(i,j)-T_{ES}(i,j)=T_{LF}(i,j)-T_{EF}(i,j)$$

在图 6-1-8 中,工序总时差的计算见表 6-2-2。

表 6-2-2

工　序	工序最迟开工时间	工序最早开工时间	工序最迟完工时间	工序最早完工时间	工序总时差
(1,2)	0	0	60	60	0
(2,3)	85	60	120	95	25
(2,4)	60	60	90	90	0
(2,5)	80	60	120	100	20
(3,7)	120	95	135	110	25
(4,6)	90	90	110	110	0
(6,7)	110	110	135	135	0
(5,7)	120	100	135	115	20
(7,8)	135	135	170	170	0

通过计算,得到各工序的工序总时差。工序总时差越大,表明该工序在网络中的机动时间越长,在不影响紧后工序开工的条件下,可以适当地将该工序的人力、物力等资源抽调到关键工序上去,以缩短整个工程的完工时间。

工序总时差为 0 的工序,开工时间和完工时间没有一点机动余地,这些工序叫做**关键工序**。由关键工序组成的路线就是网络中的**关键路线**。缩短关键工序的作业时间,可以缩短关键路线的完工时间,也就是整个项目的完工时间。

任务三　网络计划的优化

在网络计划技术中,通过前面的绘制网络图、计算网络时间、寻找关键路线,最后得到的进度计划只是一个初始的方案。而在实际问题中,工程项目的开展往往受到时间、资源以及成本等各个因素的限制,因此,我们需要进一步对初始的方案进行优化。

所谓网络计划的优化,就是利用各个工序的时差,按照某一指标(时间、资源、成本等)的约束,不断对网络计划进行调整,直至找到最优的方案。

3.1　时间优化

以项目的工期为目标,调整初始网络计划的过程,称为网络计划的**时间优化**。在项目管理的过程中,时间是一项关键的指标,为使项目尽早完工,或者符合指令工期要求,在项

目进度计划的过程中,往往需要进行网络计划的优化。

如前所述,项目的工期就是网络图中关键路线的长度,要想缩短项目的工期,就只能通过压缩关键路线中一条甚至多条关键工序的工期来实现。因此,缩短关键工序的作业时间是网络计划优化的基本思路。缩短关键工序的作业时间有以下几种具体方法:

(1) 采取技术措施,提高工效,缩短关键工作的持续时间,使关键路线的时间缩短。

(2) 采取组织措施,充分利用非关键工作的总时差,合理调配人力、物力和资金等资源。

(3) 在可能的条件下,适当增加人力、物力、财力等资源,以加快关键工序的工程进度。

(4) 改变工序的作业关系,尽量多采用平行作业以缩短工程总工期。

如图 6-3-1,在一个物流中心的建设项目中,有两道工序 a 和 b,a 为仓库的建设,b 为分拣车间的建设,如果这两道工序串联进行的话(见图 6-3-1(a)),工期为 2 个月。可是如果改成平行作业(见图 6-3-1(b)),工期就可以压缩至 1 个月。

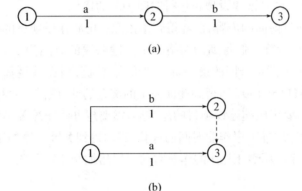

(a)

(b)

图 6-3-1

(5) 改变工序的作业关系,尽量将串联作业调整为交叉作业以缩短工程总工期。如图 6-3-2,在一个地下排水管道施工项目中,a 工序为土方开挖,b 工序为管道安装,如果这两道工序串联进行的话(见图 6-3-2(a)),工期为 30 天。可是如果改成交叉作业,将这个施工路段分成 2 部分,第一段土方开挖结束后就可以进行第二段的土方开挖和第一段的管道安装,工期就可以压缩至 25 天(见图 6-3-2(b))。

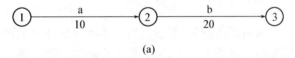

(a)

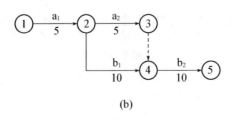

(b)

图 6-3-2

以上是缩短关键工序作业时间的具体方法,网络图的时间优化还需要从网络图的整体出发,从项目整体的角度缩短项目建设总工期,因此,网络图时间优化的具体步骤如下:

(1) 通过时间的计算,找出网络图中的关键工序和关键路线;

(2) 确定各关键工序能够缩短的持续时间;

(3) 优先将关键工序的时间压缩至最短,并重新找出网络图中的关键路线;

(4) 若关键路线的总工期达到了要求的工期,时间优化完成;若关键路线的总工期仍超过要求的工期,则重复上述步骤,直至满足要求工期或者工序的工期不能再压缩为止。

例 6-3-1 某物流公司从某跨国公司成功中标了一个配送中心的建设项目,该跨国公司要求物流公司在半年(180 天)内按照其要求建成该配送中心(具体参数见表 6-1-2),合同还包括下列条款:① 如果该物流公司不能在 180 天内完成配送中心的建设任务,就要赔偿 200 万元;② 如果该物流公司能够在 150 天内完成配送中心的建设任务,就会得到 100 万元的奖金。试对该建设项目进行时间进度的优化。

解:(1) 首先通过前面的内容,已经得到了该配送中心建设项目的网络图和关键路线(见图 6-1-8)。通过计算我们得到该网络图中关键路线的时间为 170 天,即初始方案的总工期为 170 天,能够满足合同的第一条。如果该物流公司在满足基本完工时间的前提下,还想把总工期缩短至 150 天,得到提前完工的奖金的话,就需要对初始方案进行优化。

(2) 如前所述,要想压缩建设项目的总工期,需要想办法压缩关键路线中一条甚至多条关键工序的工期。通过工序作业时间的计算,我们得到关键工序的压缩方案,工序 a 的作业时间可以压缩至 50 天,工序 f 的作业时间可以压缩至 15 天,工序 i 的作业时间可以压缩至 30 天。

(3) 优先将以上三个关键工序的时间进行压缩,得到如图 6-3-3 所示的网络图。

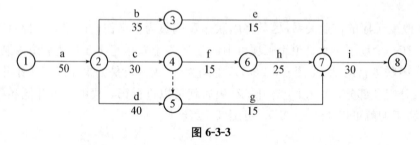

图 6-3-3

通过对图 6-3-3 所示网络图的时间进行计算,得到关键路线如图 6-3-4 所示,建设项目的总工期即关键路线的长度为 150 天,刚好符合合同中的第 2 条。至此,网络图的时间优化完成。

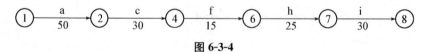

图 6-3-4

3.2 资源优化

很多的项目都受到来自资源的制约,特别是当某类资源有限,而又没有找到好的替代资源时,这种现象更为普遍。其直接结果是可能导致活动的延期完成或者中断,从而使项目原有的计划无法按期实现。即使资源拥有量满足工程计划期内的需求,但如果在工程执行过程中,资源需求量不均衡,忽高估低,相差悬殊,也会导致资源浪费严重,工程建设成本增高。因此,在编制工程项目的网络计划时,需要对资源进行均衡调整,尽量合理地利用现有资源。具体的原则如下:

(1) 优先安排关键工序所需资源,保证关键工序的顺利实施。

(2) 如果有必要,可以利用非关键工序的时差,错开非关键工序的开工时间,尽量使资源需求量趋于均衡。

(3) 在确实受到资源限制的情况下,也可以适当延长时差大的非关键工序的作业时长,甚至适当推迟工程的完工日期。

下面通过案例来说明网络计划中的资源优化问题。

例 6-3-2 表 6-3-1 为某工程项目的工序参数和资源需求情况,试用网络计划技术对该项目所需资源需求状况进行计划,使该项目的资源需求趋于均衡。

表 6-3-1 某工程项目的工序参数和资源需求

工序名称	作业时间/周	紧前工序	总时差	每周需要的劳动日	需要的总劳动日
a	5		0	8	40
b	3		2	4	12
c	7		5	5	35
d	6	a	1	3	18
e	7	a、b	0	2	14
f	3	c、d、e	0	9	27
g	4	f	0	7	28

解:(1) 首先,我们根据表 6-3-1 绘制该工程项目的网络图,如图 6-3-5 所示。

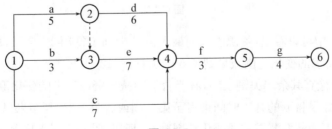

图 6-3-5

(2) 通过项目的网络图画出该项目的横道图,如图 6-3-6 所示。

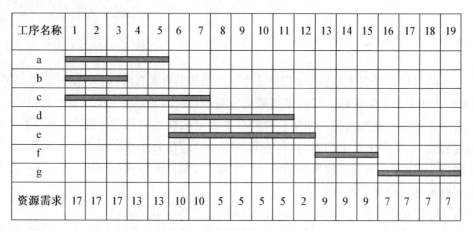

图 6-3-6

（3）通过横道图可以计算出该项目每周共需要的劳动日。从图 6-3-6 可以看出,在项目的早期阶段,对资源的需求量最大,在最初的 3 个星期中,每周需要 17 个工日,而对资源的最低需求出现在第 12 周,每周只需要 2 个工日。因此,本项目的初始进度计划使项目对资源需求的变化幅度太大,最高为每周 17 个工日,最低为每周 2 个工日,变化范围为 15 个工日(＝17－2)。

（4）首先调整前 3 周的资源需求量。选择自由时差最大的 c 工序,将该工序的开工时间推迟至第 6 周。重新检查调整后的横道图和资源需求图,如图 6-3-7 所示。

工序名称	1	2	3	4	5	6	7	8	9	10	11	12	13	14	15	16	17	18	19
a	▨	▨	▨																
b	▨	▨	▨																
c						▨	▨	▨	▨	▨	▨	▨							
d						▨	▨	▨	▨	▨	▨								
e						▨	▨	▨	▨	▨	▨	▨							
f													▨	▨	▨				
g																▨	▨	▨	▨
资源需求	12	12	12	8	8	10	10	10	10	10	10	7	9	9	9	7	7	7	7

图 6-3-7

从图 6-3-7 中可以看出,资源需求的最大值减少到了每周 12 个工日,最小值为每周 7 个工日,资源需求的变化范围减少到了 5 个工日(＝12－7)。

（5）我们再检查其余非关键工序,看能否继续减少资源需求的变化范围。工序 b 有 2 周的自由时差,如果将 b 的开工时间推迟至第 2 周或者第 3 周,其结果只能使前 5 周的工日发生变化,并不能使资源需求的变化范围减小,所以,没必要对工序 b 的时间进行调整。

再检查最后一道非关键工序 d,工序 d 有 1 周的自由时差,如果将 d 的开工时间推迟至第 7 周,其结果只能使第 6 周的工日需求量变为 7,而第 12 周的工日需求量变为 10,也不能减少资源需求的变化范围,所以,也没必要对工序 d 的时间进行调整。

在该例题中,我们在不延长整个项目工期的情况下,做到了使资源需求的变化最小,最大限度地达到了资源的均衡使用。

结合前面的例题,得到资源优化的一般操作步骤:

(1)根据已知条件,绘制出工程项目的网络图。

(2)通过项目的网络图,绘制出项目的横道图。

(3)根据横道图,计算出单位时间内的资源需求量和资源需求的变化范围。

(4)以最早开始进度计划和非关键工序为依据,从具有最大自由时差的工序开始,逐渐推迟非关键工序的开始时间,在每一次变更以后,检查新方案的资源需求情况,使变更后的资源需求更加均衡,逐渐减小资源需求的变化范围。挑选资源需求变动最小的计划作为资源均衡的结果。

3.3　成本优化

项目建设成本是指在建设工程项目的施工过程中所发生的全部生产费用的总和,包括所消耗的原材料、辅助材料、构配件等费用,周转材料的摊销费或租赁费,施工机械的使用费或租赁费,支付给生产工人的工资、奖金、工资性质的津贴,以及进行施工组织与管理所发生的全部费用支出等。建设工程项目施工成本由直接成本和间接成本所组成。

直接成本是指施工过程中耗费的构成工程实体或有助于工程实体形成的各项费用支出,是可以直接计入工程对象的费用,包括人工费、材料费和施工机具使用费等。

间接成本是指准备施工、组织和管理施工生产的全部费用支出,是非直接用于也无法直接计入工程对象,但为进行工程施工所必须发生的费用,包括管理人员工资、办公费、差旅交通费等。

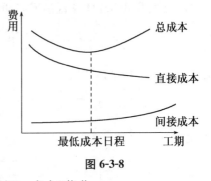

图 6-3-8

直接成本和间接成本与工期的关系如图 6-3-8 所示:工期缩短时直接费用会增加而间接费用会减少,项目总成本是由直接费用和间接费用相加而得。网络计划的成本优化就是计算不同完工期相应的总成本,以求得总成本最低的进度计划,称为"时间—成本"优化。

通常把直接成本与工作时间的关系假定为直线关系。

赶工时间是指将某工作的时间从正常工作时间缩短至无法再缩短时的工作时间。在赶工时间内工作所需要的直接成本为赶工成本。工作的直接成本增长率可以用下列公式表示:

$$成本增长率 = \frac{赶工成本 - 正常直接成本}{正常时间 - 赶工时间}$$

进行网络优化的"时间—成本"优化是在全部工作都取正常工作时间并计算出网络图的关键路线、工程周期和相应的直接费用增长率以后进行的。具体做法是:逐次压缩费用增长率较小的关键工作的延续时间(以不超过赶工时间为限),达到以增加最少的费用来

缩短工期的目的,进行"时间—成本"优化的一般步骤为:

(1) 绘制网络图,计算网络时间,确定关键路线和关键工序,计算直接成本、间接成本和总成本。

(2) 压缩关键工序中赶工成本增长率最小的工序的作业时间。需要注意的是,关键工序的压缩时间不能超过该工序正常时间与赶工时间之差,也不能超过与该工序平行的非关键工序的总时差。

(3) 重复(1)、(2)两步,直到压缩工期不能使工程总成本降低为止。

下面举例说明"时间—成本"优化方案:

例 6-3-3 某工程项目各工序的有关资料见表 6-3-2,时间单位为周,费用单位为万元。单位时间的间接成本为 1 万元/周,求"时间—成本"优化方案。

表 6-3-2

工 序	a	b	c	d	e	f	g	h	i
紧前工序			a	a	b	c、e	c、e	f	d、g
正常时间/周	6	5	7	5	6	6	9	2	4
赶工时间/周	3	1	5	2	2	4	5	1	1
正常成本/万元	4	3	4	3	4	3	6	2	2
赶工成本/万元	5	5	10	6	7	6	11	4	5
赶工成本增长率 k	0.33	0.5	3	1	0.75	1.5	1.25	2	1

解:(1) 绘制该工程项目的网络图(见图 6-3-9),计算网络时间,确定关键路线和关键工序(见表 6-3-3),计算直接成本、间接成本和总成本。

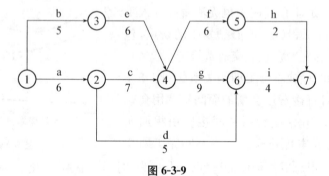

图 6-3-9

表 6-3-3

工序名称	关键工序	作业时间	最早开工时间	最早完工时间	最迟开工时间	最迟完工时间	工序总时差
a	yes	6	0	6	0	6	0
b	no	5	6	5	2	7	2
c	yes	7	6	13	6	13	0
d	no	5	6	11	17	22	11
e	no	6	5	11	7	13	2

续 表

工序名称	关键工序	作业时间	最早开工时间	最早完工时间	最迟开工时间	最迟完工时间	工序总时差
f	no	6	13	19	18	24	5
g	yes	9	13	22	13	22	0
h	no	2	19	21	24	26	5
i	yes	4	22	26	22	26	0

通过分析,得项目完工期=26(周)

直接成本=4+3+4+3+4+3+6+2+2=31(万元)

间接成本=1×26=26(万元)

总成本=31+26=57(万元)

(2) 要想降低总成本,首先压缩关键工序中赶工成本增长率最小的工序的作业时间。在 4 个关键工序中,工序 a 的赶工成本增长率最低,因此,先压缩工序 a 的工期。工序 a 可以压缩的作业时间为正常时间减去赶工时间 3 周(=6－3),同时考虑与工序 a 平行的工序 b 的总时差 2,因此工序 a 的工期可以压缩 min{3,2}=2 周。

(3) 按压缩后的作业时间,重新绘制网络图(见图 6-3-10),同时计算网络时间,确定关键路线和关键工序(见表 6-3-4),计算直接成本、间接成本和总成本。

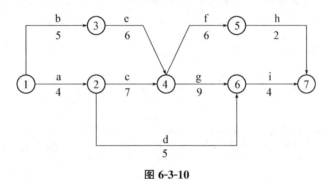

图 6-3-10

表 6-3-4

工序名称	关键工序	作业时间	最早开工时间	最早完工时间	最迟开工时间	最迟完工时间	工序总时差
a	yes	4	0	4	0	4	0
b	yes	5	0	5	0	5	0
c	yes	7	4	11	4	11	0
d	no	5	4	9	15	20	11
e	yes	6	5	11	5	11	0
f	no	6	11	17	16	22	5
g	yes	9	11	20	11	20	0
h	no	2	17	19	22	24	5
i	yes	4	20	24	20	24	0

通过分析,得项目完工期=24(周)

直接成本=4+3+4+3+4+3+6+2+2+0.33×2=31.66(万元)

间接成本=1×24=24(万元)

总成本=31.66+24=55.66(万元)

可见,通过本次方案优化,工程项目的总成本降低了1.34万元。

(4) 接着在5个未压缩关键工序中,寻找赶工成本增长率最低的工序,工序b是未压缩关键工序中赶工成本增长率最低的工序,压缩工序b的工期。工序b可以压缩的作业时间为正常时间减去赶工时间4周(=5−1)。此时我们注意到图中的关键路线有2条,如果只压缩工序b的作业时间,另一条关键路线上的时间不压缩的话,项目的总工期是不会缩短的。因此,要同时缩短工序b和工序a的工期,工序a的工期只能再压缩1周,因此,工序b也压缩1周。

(5) 按压缩后的作业时间,重新绘制网络图(见图6-3-11),同时计算网络时间,确定关键路线和关键工序(见表6-3-5),计算直接成本、间接成本和总成本。

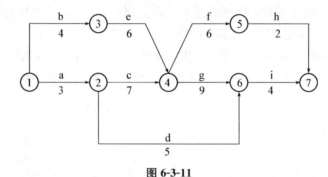

图 6-3-11

表 6-3-5

工序名称	关键工序	作业时间	最早开工时间	最早完工时间	最迟开工时间	最迟完工时间	工序总时差
a	yes	3	0	3	0	3	0
b	yes	4	0	4	0	4	0
c	yes	7	3	10	3	10	0
d	no	5	3	8	14	19	11
e	yes	6	4	10	4	10	0
f	no	6	10	16	15	21	5
g	yes	9	10	19	10	19	0
h	no	2	16	18	21	23	5
i	yes	4	19	23	19	23	0

根据分析,得项目完工期=23(周)

直接成本=31.66+0.33×1+0.5×1=32.49(万元)

间接成本=1×23=23(万元)

总成本＝32.49＋23＝55.49(万元)

可见,通过本次方案优化,工程项目的总成本又降低了0.17万元。

(6) 现在,工序 e 是未压缩关键工序中赶工成本增长率最低的,因此试着压缩工序 e 的工期。工序 e 可以压缩的作业时间为正常时间减去赶工时间 4 周(＝6－2)。此时我们注意到图中的关键路线有 2 条,如果只压缩工序 e 的作业时间,另一条关键路线上的时间不压缩的话,项目的总工期是不会缩短的。因此,要同时缩短工序 e 和工序 c 的工期,工序 c 可以压缩的作业时间为正常时间减去赶工时间 2 周(＝7－5),同时考虑工序 e 和工序 c 的可压缩时间 min{4,2}＝2,两道工序都压缩 2 周。

(7) 按压缩后的作业时间,重新绘制网络图(见图 6-3-12),同时计算网络时间,确定关键路线和关键工序(见表 6-3-6),计算直接成本、间接成本和总成本。

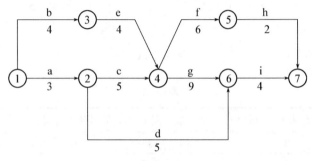

图 6-3-12

表 6-3-6

工序名称	关键工序	作业时间	最早开工时间	最早完工时间	最迟开工时间	最迟完工时间	工序总时差
a	yes	3	0	3	0	3	0
b	yes	4	0	4	0	4	0
c	yes	5	3	8	3	8	0
d	no	5	3	8	12	17	9
e	yes	4	4	8	4	8	0
f	no	6	8	14	13	19	5
g	yes	9	8	17	8	17	0
h	no	2	14	16	19	21	5
i	yes	4	17	21	17	21	0

根据分析,得项目完工期＝21(周)

直接成本＝32.49＋0.75×2＋3×2＝39.99(万元)

间接成本＝1×21＝21(万元)

总成本＝39.99＋21＝60.99(万元)

可见,通过本次方案优化,工程项目的总成本没有降低反而升高了,此次方案优化不可行。

(8) 我们再检查其余的未压缩关键工序,其中工序 i 是未压缩关键工序中赶工成本增长率最低的,因此我们试着压缩工序 i 的工期。工序 i 可以压缩的作业时间为正常时间减去赶工时间 3 周(=4-1),同时考虑与工序 i 平行的工序 h 的总时差 5 周,因此工序 i 的工期可以压缩 min{3,5}=3 周。

(9) 按压缩后的作业时间,重新绘制网络图(见图 6-3-13),同时计算网络时间,确定关键路线和关键工序(见表 6-3-7),计算直接成本、间接成本和总成本。

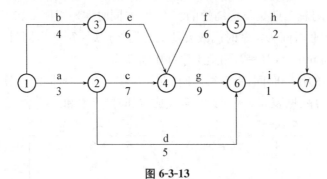

图 6-3-13

表 6-3-7

工序名称	关键工序	作业时间	最早开工时间	最早完工时间	最迟开工时间	最迟完工时间	工序总时差
a	yes	3	0	3	0	3	0
b	yes	4	0	4	0	4	0
c	yes	7	3	10	3	10	0
d	no	5	3	8	14	19	11
e	yes	6	4	10	4	10	0
f	no	6	10	16	12	18	2
g	yes	9	10	19	10	19	0
h	no	2	16	18	18	20	2
i	yes	1	19	20	19	20	0

根据分析,得项目完工期=20(周)

直接成本=32.49+1×3=35.49(万元)

间接成本=1×20=20(万元)

总成本=35.49+20=55.49(万元)

本次方案优化的结果为总工期缩短了 3 周,总成本不变,再压缩工期并不能使工程总成本进一步降低,因此该方案为最优方案,项目的总工期为 20 周,总成本为 55.49 万元。

任务四　网络计划技术的软件求解

有关网络计划的问题可以用 WinQSB 软件进行求解,具体应用的是软件里面的网络计划(Project-Scheduling,PERT-CPM)模块。该模块可以计算出网络图中的工序时间

（具体包括工序最早开工时间、工序最早完工时间、工序最迟开工时间、工序最迟完工时间）、工序总时差、关键工序、关键路线、项目总工期，同时还可以用三时估算法计算工序的作业时间。

例 6-4-1 时间确定的网络计划问题 用 WinQSB 软件求解例 6-1-1 中的配送中心建设项目。

求解步骤：

（1）打开 WinQSB 软件的 PERT-CPM 模块，出现界面，输入标题名称（Problem Title）、工序数（Number of Activities）、时间单位（Time Unit），问题类型选择确定型网络计划问题（Deterministic CPM）等，然后单击"OK"按钮，如图 6-4-1 所示。

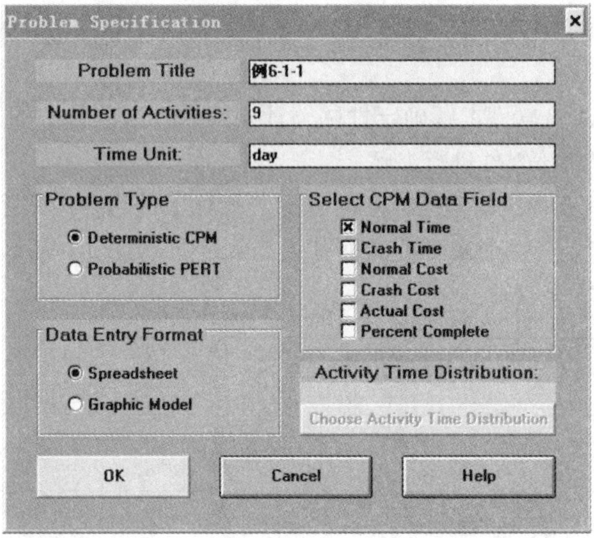

图 6-4-1

（2）在如图 6-4-2 所示的界面中输入各工序的紧前工序（Immediate Predecessor）以及各工序的作业时间。

Activity Number	Activity Name	Immediate Predecessor (list number/name, separated by ',')	Normal Time
1	A		60
2	B	A	35
3	C	A	30
4	D	A	40
5	E	B	15
6	F	C	20
7	G	C,D	15
8	H	F	25
9	I	E,G,H	35

图 6-4-2

（3）选择菜单命令"Solve and Analyze—Solve Critical Path"，计算结果如图 6-4-3 所示。

05-05-2016 21:45:03	Activity Name	On Critical Path	Activity Time	Earliest Start	Earliest Finish	Latest Start	Latest Finish	Slack (LS-ES)
1	A	Yes	60	0	60	0	60	0
2	B	no	35	60	95	85	120	25
3	C	Yes	30	60	90	60	90	0
4	D	no	40	60	100	80	120	20
5	E	no	15	95	110	120	135	25
6	F	Yes	20	90	110	90	110	0
7	G	no	15	100	115	120	135	20
8	H	Yes	25	110	135	110	135	0
9	I	Yes	35	135	170	135	170	0
	Project	Completion	Time	=	170	days		
	Number of	Critical	Path(s)	=	1			

图 6-4-3

可以看出,该项目的关键工序为 a、c、f、h、i,将关键工序连起来即为关键路线,项目的总工期为 170 天。

以上是用 WinQSB 软件求解确定性网路计划问题。当项目中的工序作业时间是不确定的时候,仍可以用该软件进行求解。

例 6-4-2 时间不确定的网络计划问题 某工程项目的各项工序及其相互关系,各工序的乐观时间、悲观时间和最可能时间如表 6-4-1 所示,试用 WinQSB 软件求解该网络计划问题。

表 6-4-1

工 序	A	B	C	D	E	F	G	H	I	J
紧前工序			A	B	B	B	D	E,G	E,G	C,F,G
乐观时间	7	5	6	4	7	10	3	4	7	3
最可能时间	8	7	9	4	8	13	4	5	9	4
悲观时间	9	8	12	4	10	19	6	7	11	8

求解步骤:

(1) 打开 WinQSB 软件的 PERT-CPM 模块,出现界面,输入标题名称(Problem Title)、工序数(Number of Activities)、时间单位(Time Unit),问题类型选择概率型网络计划问题(Probabilistic PERT)等,然后单击"OK"按钮,如图 6-4-4 所示。

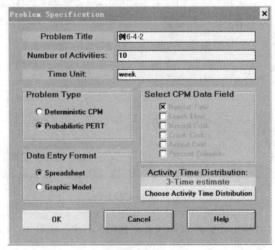

图 6-4-4

（2）在图 6-4-5 所示界面输入各工序的紧前工序（Immediate Predecessor）以及各工序的乐观时间、悲观时间、最可能时间，如图 6-4-5 所示。

Activity Number	Activity Name	Immediate Predecessor (list number/name, separated by ',')	Optimistic time (a)	Most likely time (m)	Pessimistic time (b)
1	A		7	8	9
2	B		5	7	8
3	C	A	6	9	12
4	D	B	4	4	4
5	E	B	7	8	10
6	F	B	10	13	19
7	G	D	3	4	6
8	H	E,G	4	5	7
9	I	E,G	7	9	11
10	J	C,F,G	3	4	8

图 6-4-5

（3）选择菜单命令"Solve and Analyze—Solve Critical Path"，计算结果如图 6-4-6 所示。

05-05-2016 22:08:02	Activity Name	On Critical Path	Activity Mean Time	Earliest Start	Earliest Finish	Latest Start	Latest Finish	Slack (LS-ES)	Activity Time Distribution	Standard Deviation
1	A	no	8	0	8	3.3333	11.3333	3.3333	3-Time estimate	0.3333
2	B	Yes	6.8333	0	6.8333	0	6.8333	0	3-Time estimate	0.5
3	C	no	9	8	17	11.3333	20.3333	3.3333	3-Time estimate	1
4	D	no	4	6.8333	10.8333	7.6667	11.6667	0.8333	3-Time estimate	0
5	E	no	8.1667	6.8333	15	7.6667	15.8333	0.8333	3-Time estimate	0.5
6	F	Yes	13.5	6.8333	20.3333	6.8333	20.3333	0	3-Time estimate	1.5
7	G	no	4.1667	10.8333	15	11.6667	15.8333	0.8333	3-Time estimate	0.5
8	H	no	5.1667	15	20.1667	19.6667	24.8333	4.6667	3-Time estimate	0.5
9	I	no	9	15	24	15.8333	24.8333	0.8333	3-Time estimate	0.6667
10	J	Yes	4.5	20.3333	24.8333	20.3333	24.8333	0	3-Time estimate	0.8333
	Project	Completion	Time	=	24.83	weeks				
	Number of	Critical	Path(s)	=	1					

图 6-4-6

可以看出，该项目的关键工序为 B、F、J，将关键工序连起来即为关键路线，项目的总工期为 24.83 周。

任务五 网络计划技术的应用案例

例 6-5-1 网络图的绘制 某项建筑工程的部分工作与所需时间以及它们之间的关系如表 6-5-1 所示，试绘制该建筑工程项目的网络图。

表 6-5-1

工　作	工作代号	所需时间(周)	紧前工作
详细设计	a	3	/
材料采购	b	4	a
招聘工人	c	1	a
主体工程	d	6	c
上　顶	e	4	b、d

解:按照网络图的绘制原则,该建筑工程项目的网络图如图 6-5-1 所示。

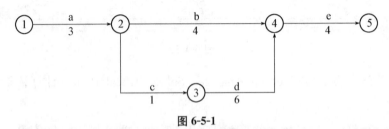

图 6-5-1

例 6-5-2　网络时间的计算　绘制如表 6-5-2 所示的楼盘建设的网络图并求出各工序的最早开工时间、最迟开工时间、最早完工时间、最迟完工时间、工序总时差、关键路线。

表 6-5-2

事　件	期望时间	紧前事件
A 审查设计和批准动工	10	—
B 挖地基	6	A
C 立屋架和砌墙	14	B
D 建造楼板	6	C
E 安装窗户	3	C
F 搭屋顶	3	C
G 室内布线	5	D、E、F
H 安装电梯	5	G
I 铺地板和嵌墙板	4	D
J 安装门和内部装饰	3	I、H
K 验收和交接	1	J

解:(1)首先,根据已知条件绘制该产品研发项目的网络图,如图 6-5-2 所示。

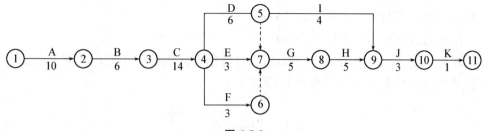

图 6-5-2

（2）计算各个节点的节点最早时间和节点最迟时间：

$T_{E(1)}=0$ $T_{E(2)}=T_{E(1)}+T(1,2)=0+10=10$

$T_{E(3)}=T_{E(2)}+T(2,3)=10+6=16$ $T_{E(4)}=T_{E(3)}+T(3,4)=16+14=30$

$T_{E(5)}=T_{E(4)}+T(4,5)=30+6=36$ $T_{E(6)}=T_{E(4)}+T(4,6)=30+3=33$

$T_{E(7)}=\max\{T_{E(4)}+T(4,7),T_{E(5)}+T(5,7),T_{E(6)}+T(6,7)\}$

$\qquad =\max\{30+3,36+0,33+0\}=36$

$T_{E(8)}=T_{E(7)}+T(7,8)=36+5=41$

$T_{E(9)}=\max\{T_{E(8)}+T(8,9),T_{E(5)}+T(5,9)\}=\max\{41+5,36+4\}=46$

$T_{E(10)}=T_{E(9)}+T(9,10)=46+3=49$ $T_{E(11)}=T_{E(10)}+T(10,11)=49+1=50$

节点最早时间计算出来以后，将计算结果标注在网络图上，具体标注方法为标注在节点的左下角，并用方框框上，如图 6-5-3 所示。

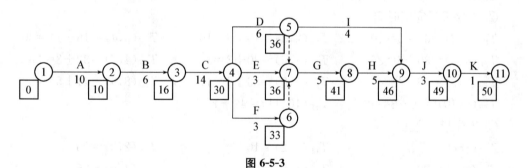

图 6-5-3

$T_{L(11)}=50$

$T_{L(10)}=T_{L(11)}-T(10,11)=50-1=49$

$T_{L(9)}=T_{L(10)}-T(9,10)=49-3=46$

$T_{L(8)}=T_{L(9)}-T(8,9)=46-5=41$

$T_{L(7)}=T_{L(8)}-T(7,8)=41-5=36$

$T_{L(6)}=T_{L(7)}-T(6,7)=36-0=36$

$T_{L(5)}=\min\{T_{L(9)}-T(5,9),T_{L(7)}-T(5,7)\}$

$\qquad =\min\{46-4,36-0\}=36$

$T_{L(4)}=\min\{T_{L(5)}-T(4,5),T_{L(7)}-T(4,7),T_{L(6)}-T(4,6)\}$

$\qquad =\min\{36-6,36-3,36-3\}=30$

$$T_{L(3)} = T_{L(4)} - T(3,4) = 30 - 14 = 16$$

$$T_{L(2)} = T_{L(3)} - T(2,3) = 16 - 6 = 10$$

$$T_{L(1)} = T_{L(2)} - T(1,2) = 10 - 10 = 0$$

同样地,节点最迟时间计算出来以后,将计算结果标注在网络图上,具体标注方法为标注在节点的右下角,并用三角框框上,见图 6-5-4。

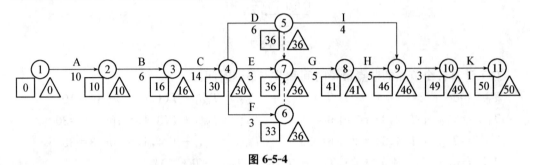

图 6-5-4

(3) 计算各道工序的工序最早开工时间、工序最迟完工时间、工序最早完工时间和工序最迟开工时间:

① 工序最早开工时间。

$T_{ES}(1,2)=0$ $T_{ES}(2,3)=10$ $T_{ES}(3,4)=16$ $T_{ES}(4,5)=30$

$T_{ES}(4,6)=30$ $T_{ES}(4,7)=30$ $T_{ES}(5,9)=36$ $T_{ES}(7,8)=36$

$T_{ES}(8,9)=41$ $T_{ES}(9,10)=46$ $T_{ES}(10,11)=49$

② 工序最早完工时间。

$T_{EF}(1,2)=0+10=10$ $T_{EF}(2,3)=10+6=16$ $T_{EF}(3,4)=16+14=30$

$T_{EF}(4,5)=30+6=36$ $T_{EF}(4,6)=30+3=33$ $T_{EF}(4,7)=30+3=33$

$T_{EF}(5,9)=36+4=40$ $T_{EF}(7,8)=36+5=41$ $T_{EF}(8,9)=41+5=46$

$T_{EF}(9,10)=46+3=49$ $T_{EF}(10,11)=49+1=50$

③ 工序最迟完工时间。

$T_{LF}(i,j)=T_{L(j)}$ $T_{LF}(1,2)=10$ $T_{LF}(2,3)=16$

$T_{LF}(3,4)=30$ $T_{LF}(4,5)=36$ $T_{LF}(4,6)=36$

$T_{LF}(4,7)=36$ $T_{LF}(5,9)=46$ $T_{LF}(7,8)=41$

$T_{LF}(8,9)=46$ $T_{LF}(9,10)=49$ $T_{LF}(10,11)=50$

④ 工序最迟开工时间。

$T_{LS}(1,2)=10-10=0$ $T_{LS}(2,3)=16-6=10$ $T_{LS}(3,4)=30-14=16$

$T_{LS}(4,5)=36-6=30$ $T_{LS}(4,6)=36-3=33$ $T_{LS}(4,7)=36-3=33$

$T_{LS}(5,9)=46-4=42$ $T_{LS}(7,8)=41-5=36$ $T_{LS}(8,9)=46-5=41$

$T_{LS}(9,10)=49-3=46$ $T_{LS}(10,11)=50-1=49$

(4) 计算工序总时差。

工序总时差的计算见表 6-5-3:

表 6-5-3

工　序	工序最早开工时间	工序最迟完工时间	工序最迟开工时间	工序最早完工时间	工序总时差
(1,2)	0	10	0	10	0
(2,3)	10	16	10	16	0
(3,4)	16	30	16	30	0
(4,5)	30	36	30	36	0
(4,6)	30	36	33	33	3
(4,7)	30	36	33	33	3
(5,9)	36	46	42	40	6
(7,8)	36	41	36	41	0
(8,9)	41	46	41	46	0
(9,10)	46	49	46	49	0
(10,11)	49	50	49	50	0

（5）由表 6-5-3 可知,该建设项目的总工期为 50 周,关键路线如图 6-5-5 所示。

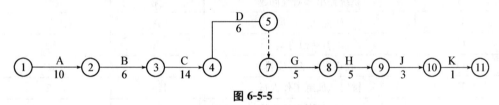

图 6-5-5

任务六　网络计划技术的应用练习

1. 某项工程的工序名称以及工序之间的逻辑关系如表 6-6-1 所示,绘制该工程的网络图。

表 6-6-1

工　序	A	B	C	D	E	F	G	H	I
紧前工序	—	—	A	B	B	C,D	C,D	E,F	G

2. 某项工程的各项工序所需时间及其相互关系见表 6-6-2,试编制其网络图。

表 6-6-2

工　序	a	b	c	d	e	f	g	h
作业时间/天	10	20	30	15	25	10	20	35
紧后工序	b、c	d、e	f、h	g	f、h	g		

3. 某物流项目中各项工序及其相互关系见表 6-6-3,试编制其网络图。

表 6-6-3

作业代号	周期(天)	紧前工序
A	2	—
B	8	A
C	12	A
D	7	A
E	11	B
F	9	B、C
G	8	E
H	5	F

4. 某课题研究工作分解的作业表如表 6-6-4,根据此表绘制此项研究工作的网络图,计算时间参数,并找出关键工序、关键路线,计算课题完工时间。

表 6-6-4

工序代号	工 序	紧前工序	工序时间
A	系统提出和研究问题	无	4
B	研究选点问题	A	7
C	准备调研方案	A	10
D	收集资料工作安排	B	8
E	挑实地训练工作人员	B、C	12
F	准备收集资料用表格	C	7
G	实地调查	D、E、F	5
H	分析准备调查报告	G	4
I	任务结束	H	0

5. 某项工程的工序名称、工序时间以及工序之间的逻辑关系如表 6-6-5 所示,绘制该工程的网络图,并找出关键路线。

表 6-6-5

工 序	A	B	C	D	E	F	G	H	I
紧前工序	—	—	A	B	B	C、D	C、D	E、F	G
工序时间	7	6	8	7	5	7	6	5	8

6. 某工程的网络图见图 6-6-1,箭线下面的数字是工序作业时间(单位:天),工序代号后面括号内的数字为资源需求量。在工期不变的前提下,试编制资源需求均衡的进度计划。

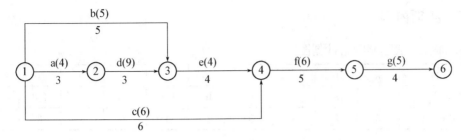

图 6-6-1

7. 某工程各工序的有关资料见表 6-6-6,单位时间的间接成本为 4.5 万元/周,求"时间—成本"优化方案。

表 6-6-6

工 序	a	b	c	d
紧前工序		a	a	c
正常时间/周	3	5	4	5
赶工时间/周	1	3	2	2
正常成本/万元	10	15	12	8
赶工成本/万元	18	19	20	17

实训五 网络计划技术

一、实训项目

网络计划技术

二、实训目的

(1) 具有针对实际问题画出网络图的能力;

(2) 能对网络图中各种时间参数进行正确的计算;

(3) 能准确地找出网络图中的关键路线;

(4) 能利用网络计划技术进行项目的进度安排;

(5) 能利用网络计划技术进行各种资源的优化;

(6) 能正确应用 WinQSB 软件求解网络计划问题。

三、实训形式与程序

课堂练习加上机操作

四、实训学时

4 个学时

五、实训内容

1. 根据下表绘制网络计划图

工 序	a	b	c	d	e	f	g	h	i	j
紧前工序		a	a	a	b	b、c	e、f	f	f、d	g、h、i
作业时间	3	2	4	3	2	1	4	3	2	4

2. 已知建设一个汽车库及引道的作业明细表如下。

工序代号	工序名称	工序时间/天	紧前工序
A	清理场地,准备施工	10	
B	备料	8	
C	车库地面施工	6	A、B
D	预制墙及房顶	16	B
E	车库混凝土地面保养	24	D
F	立强架	4	D、E
G	立房顶	4	F
H	装窗及边墙	10	F
I	装门	4	F
J	装天花板	12	G
K	油漆	16	H、I、J
L	引道混凝土施工	8	C
M	引道混凝土保养	24	L
N	清理场地	4	K、M

(1) 求该项工程从施工开始到全部结束的最短周期。

(2) 若工序 L 拖延 10 天,对整个工程进度有何影响?

(3) 若工序 J 的工序时间由 12 天缩短到 8 天,对整个工程进度有何影响?

(4) 为保证整个工程进度在最短周期完工,工序 I 最迟必须在哪天开工?

(5) 若要求整个工程在 75 天完工,要不要采取措施?应从哪些方面采取措施?

(6) 用 WinQSB 软件对求解结果进行检查核对。

项目七　动态规划

知识目标	（1）能正确描述动态规划的基本概念； （2）能正确描述动态规划的基本思想； （3）能正确描述动态规划的应用。
技能目标	能正确使用软件求解动态规划问题。

4 学时

动态规划（dynamic programming）是运筹学的一个分支。在实际工作中，我们遇到的系统常常不是一成不变的，所以，在我们对系统作出分析的时候，往往需要以动态的眼光来观察和分析问题。这时，我们一般会将系统划分为若干个阶段，之后对整个过程进行最优化决策。前几章讲到的规划方法面对这种问题总是束手无策。在 20 世纪 50 年代初，美国著名的数学家理查德·贝尔曼提出了动态规划，有效解决了此类问题。之后，在贝尔曼本人及其他众多专家学者的不懈努力下，动态规划的理论和方法日渐成熟。现在，动态规划已经广泛应用于工程技术、工业生产、军事及经济管理、最优控制等各个方面，并且取得了显著的效果。

任务一　动态规划的基本概念

在工作和生活中，经常会把某些问题的决策过程划分为几个相互联系的阶段，每个阶段都有若干种方案可供选择，而后我们从中选择一个最适合的方案，以获得全过程的最优效益。通常这种问题被称为"多阶段决策问题"，因为各个阶段所采取的决策通常与时间有关，所以也称为动态规划。

1.1 动态规划的基本概念

首先,通过一个案例来介绍动态规划的基本概念。

例7-1-1 W先生每天驾车去公司上班,上班路线如图7-1-1所示,W先生的住所位于A,公司位于F,图中的直线段代表公路,交叉点代表路口,直线段上的数字代表两路口之间的平均行驶时间。现在W先生的问题是要确定一条最省时的上班路线。

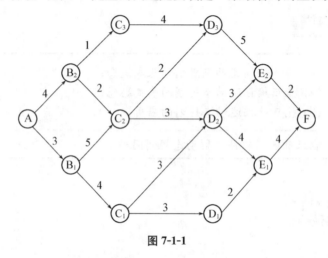

图 7-1-1

在求解这个问题时,我们可以先列出所有从A到F的路线,分别求出各路线的长度,再比较它们的大小,选出长度最短的那条,就是要求的最优路线。但是,这种方法操作起来有一定难度,特别是对于一些复杂的路线问题,要列出众多可行道路,计算量非常大,实用性不强。因此,我们要找到另一种更简便的方法来解决这种问题。

首先来分析一下这种题目的特点。从A到F的整个过程可以分为A到B,B到C,C到D,D到E,E到F共五个阶段,每个阶段都有起点。这时,就把问题分成了一个五阶段问题。第一阶段的起点是A,终点有两种选择:B_1和B_2。也就是说,第一阶段所做的选择,决定了第二阶段的起点。所以,引入以下概念。

1.1.1 阶段

把问题按照时间或空间特征分解成若干相互联系的部分,每一部分称为一个**阶段**。阶段用阶段变量k来描述,$k=1$,表示第一阶段;$k=2$表示第二阶段,以此类推。在例7-1-1中,我们就是按照空间特征,把问题分成了五个阶段。

1.1.2 状态

各阶段开始时的客观条件叫做**状态**。描述各阶段状态的变量称为状态变量,常用S_k表示第k阶段的状态变量。状态变量的取值集合称为状态集合(允许状态集),用S_k表示。

在动态规划中,当某阶段状态给定以后,在这阶段以后的过程的发展不受这段以前各段状态的影响。即过程的过去历史只能通过当前状态去影响它未来的发展,称为**无后效性**。因此,如果所选定的变量不具备无后效性,就不能作为状态变量来构造动态规划模型。

1.1.3 决策

$D_k(s_k)$当各段的状态确定以后,就可以做出不同的决定(或选择),从而确定下一阶段的状态,这种决定称为**决策**。决策变量用$d_k(S_k)$表示。显然,它是状态变量的函数,表示第k阶段系统处于S_k状态时的决策选择。

决策变量的取值构成的集合,表明决策的约束条件,常用$D_k(S_k)$表示第k阶段状态处于S_k时的允许决策集合。

1.1.4 策略

各个阶段决策确定后,整个问题的决策序列就构成一个**策略**,用$p_1,n(d_1,d_2,\cdots,d_n)$表示。对每个实际问题,可供选择的策略有一定的范围,称为允许策略集合,用P表示。

对于具有几个阶段的多阶段决策问题,从第一阶段的某一状态出发到终止阶段的状态做出的决策序列而形成的策略称为**全过程策略**。从第k阶段开始到终止阶段状态的过程,简称为k子过程。后部子过程相应的决策序列称为后部子策略。

一般情况下,任一多阶段决策问题的允许策略都有多个,其中使全过程的整体效果最佳的策略称为最优策略。

1.1.5 状态转移方程

动态规划中本阶段的状态往往是上一阶段的决策结果。如果给定了第k段的状态S_k,本阶段决策为$d_k(S_k)$,则第$k+1$段的状态S_{k+1}由公式$S_{k+1}=T_k(S_k,d_k)$确定,称为**状态转移方程**。

1.1.6 指标函数

动态规划问题求解的目的就是为了寻找最优策略,而用于衡量所选定策略优劣的数量指标称为**指标函数**。最优指标值就是使目标效果达到最优的策略所对应的指标函数值,记为$f_k(S_k)$。

1.2 动态规划的最优化原理

1951年,美国数学家贝尔曼率先提出了动态规划的最优化原理。该原理认为:作为整个过程的最优策略具有这样的性质,即无论过去的状态和决策如何,对前面的决策所形成的状态而言,余下的诸决策必须构成最优策略。这就是说,不管引导到这个现时状态的头一个状态和决策是什么,所有的未来决策应是最优的。通俗来说就是,如果整个策略是最优的,那么其任一子策略也必然是最优的。

任务二 动态规划的基本方法

根据贝尔曼最优化原理,可以把多阶段决策问题的求解过程看作是一个连续的递推过程,从后向前逐步推算。在求解时,在各阶段以前的状态和决策,对其后面的子问题来说,不过相当于其初始条件而已,并不影响后面过程的最优策略。因此,可把一个问题按阶段分解成许多相互联系的子问题,其中每一个子问题都是一个比原问题简单得多的优化问题,且每一个子问题的求解仅利用它的下一阶段子问题的优化结果,这样依次求解,最后可求得原问题的最优解。

2.1 动态规划的基本思想

动态规划的求解思路是这样的:从过程的第一段或最后一段开始,用逆序递推或者顺序递推方法求解,逐步求出各段各点到起点(或终点)的最短路线,最后求出起点到终点的最短路线。

2.2 动态规划的求解方法

动态规划的求解方法一般有逆序递推和顺序递推两种,逆序递推是从最后一阶段开始向前推,以求得全过程的最优解,而顺序递推刚好相反。从本质上来说,两种方法并无区别,一般来讲,当初始状态给定时可用逆序递推的方法来求解,而当终止状态给定时可以用顺序递推的方法来求解。在这里,我们只介绍逆序递推。

比如,对例 7-1-1 求最优解。由前文分析可知,我们把例 7-1-1 的过程分为 5 个阶段,因此,当 $K=5$ 时,此时 $d_5(S_5)=F$,其初始状态为 E_1 或 E_2,故 $f_5(E_1)=4$,$f_5(E_2)=2$。

当 $K=4$ 时,到终点有两个阶段,初始状态 S_4 可以是 D_1、D_2 或 D_3。如果 $S_4=D_1$,则下一步只能取 E_1,故 $f_4(D_1)=r(D_1,E_1)+f_5(E_1)=2+4=6$,这时最短路线应该是 $D_1 \rightarrow E_1 \rightarrow F$,所以最优解 $d_4*(D_1)=E_1$。如果 $S_4=D_2$,则下一步能取 E_1 或 E_2,故 $f_4(D_2)=\min\{r(D_2,E_1)+f_5(E_1),r(D_2,E_2)+f_5(E_2)\}=\min(4+4,3+2)=5$,因此这时最短路线应该是 $D_2 \rightarrow E_2 \rightarrow F$,所以最优解 $d_4*(D_2)=E_2$。也就是说,如果起点是 D_2,其到终点的最短路线一定是 $D_2 \rightarrow E_2 \rightarrow F$,长度为 5。如果 $S_4=D_3$,则下一步只能取 E_2,$f_4(D_3)=r(D_3,E_2)+f_5(E_2)=5+2=7$,这时最短路线为 $D_3 \rightarrow E_2 \rightarrow F$,最优解 $d_4*(D_3)=E_2$,最短路线长度为 7。

同理,当 $K=3$ 时,还有三个阶段,初始状态 S_3 可以是 C_1、C_2 或 C_3。如果 $S_3=C_1$,则下一步能取 D_1 或 D_2,故 $f_3(C_1)=\min\{r(C_1,D_1)+f_4(D_1),r(C_1,D_2)+f_4(D_2)\}=\min(3+6,3+5)=8$,这时最短路线为 $C_1 \rightarrow D_2 \rightarrow E_2 \rightarrow F$,最优解 $d_3*(C_1)=D_2$,最短路线长度为 8。如果 $S_3=C_2$,则下一步能取 D_2 或 D_3,故 $f_3(C_2)=\min\{r(C_2,D_2)+f_4(D_2),(C_2,D_3)+f_4(D_3)\}=\min(3+5,2+7)=8$,最短路线 $C_2 \rightarrow D_2 \rightarrow E_2 \rightarrow F$,最优解 $d_3*(C_2)=D_2$,最短

路线长度为 8。如果 $S_3 = C_3$，则下一步只能取 D_3，故 $f_3(C_3) = r(C_3, D3) + f_4(D_3) = (4 + 7) = 11$，最短路线 $C_3 \rightarrow D_3 \rightarrow E_2 \rightarrow F$，最优解 $d_3 * (C_3) = D_3$，最短路线长度为 11。

当 $K = 2$ 时，还有四个阶段，初始状态 S_2 可以是 B_1 或 B_2。如果 $S_2 = B_1$，则下一步能取 C_1 或 C_2，故 $f_2(B_1) = \min\{r(B_1, C_1) + f_3(C_1), r(B_1, C_2) + f_3(C_2)\} = \min(4+8, 5+8) = 12$，最短路线 $B_1 \rightarrow C_1 \rightarrow D_2 \rightarrow E_2 \rightarrow F$，最优解 $d_2 * (B_1) = C_1$，最短路线长度为 12。如果 $S_2 = B_2$，则下一步能取 C_2 或 C_3，故 $f_2(B_2) = \min\{r(B_2, C_2) + f_3(C_2), r(B_2, C_3) + f_3(C_3)\} = \min(2+8, 1+11) = 10$，最短路线 $B_2 \rightarrow C_2 \rightarrow D_2 \rightarrow E_2 \rightarrow F$，最优解 $d_2 * (B_2) = C_2$，最短路线长度为 10。

$K = 1$ 时，五个阶段的原问题，初始状态 S_1 是 A。则下一步能取 B_1 或 B_2，故 $f_1(A) = \min\{r(A, B_1) + f_2(B_1), r(A, B_2) + f_2(B_2)\} = \min(3+12, 4+10) = 14$，最短路线 $A \rightarrow B_2 \rightarrow C_2 \rightarrow D_2 \rightarrow E_2 \rightarrow F$，最优解 $d_1 * (A) = B_2$，最短路线长度为 14，这时我们就找到了从起点到终点的最短路线，也就是 W 先生上班的最短路径，其最短用时为 14。这种方法，就是逆序递推。

任务三　动态规划的软件求解

用 WinQSB 求解动态规划，主要用到的是该软件的"Dynamic Programming"模块。WinQSB 提供了三个动态规划子程序：Stagecoach(Shortest Routes) Problem(最短路问题)、Knapsack Problem(背包问题)和 Production and Inventory Scheduling Problem(生产与存储问题)。

接下来，我们用 WinQSB 的动态规划模块来求解一下例 7-1-1 的最短路问题。

（1）首先，点击 WinQSB 中的"Dynamic Programming"，进入初始界面。点击"新建"按钮或"files"里的"New problem"，出现以下弹窗，如图 7-3-1 所示。

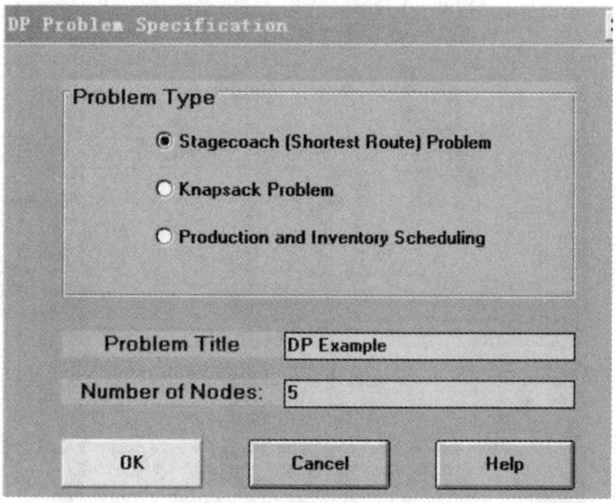

图 7-3-1

在问题类型中选择"Stagecoach（Shortest Routes）Problem"，填入问题名称：例 7-1-1，输入节点个数：12，点击"OK"，如图 7-3-2 所示。

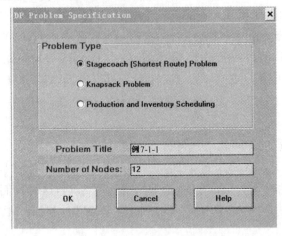

图 7-3-2

（2）在弹出的窗口中输入数据，两点没有连线时不输入，如图 7-3-3 所示。

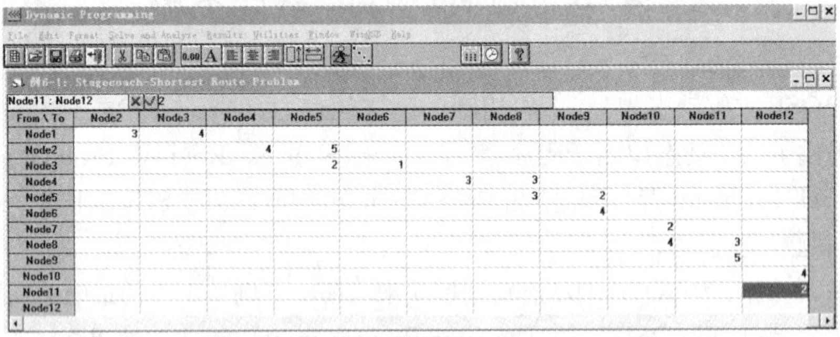

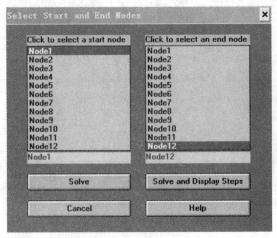

图 7-3-3

（3）求解。单击"Solve and Analyze—Solve the problem"，弹出以下对话框，选择起点和终点，操作如图 7-3-4 所示。

图 7-3-4

点击"Solve"，就可以得到计算结果，如图 7-3-5 所示。

05-08-2016 Stage	From Input State	To Output State	Distance	Cumulative Distance	Distance to Node12
1	Node1	Node3	4	4	14
2	Node3	Node5	2	6	10
3	Node5	Node8	3	9	8
4	Node8	Node11	3	12	5
5	Node11	Node12	2	14	2
	From Node1	To Node12	Min. Distance	= 14	CPU = 0

图 7-3-5

由图可知，从 A 到 F 的最短路线应该是 $A \to B_2 \to C_2 \to D_2 \to E_2 \to F$，最短路线长度为 14。

例 7-3-1　背包问题　一个旅行者需要某些物品，假设可以在 4 种物品中随意挑选，且已知每件物品的重量及其效用，效用能够用数量表示出来，又设旅行者背包最多只能装 10 kg 物品，相关数据如表 7-3-1 所示。问如何选取装入背包中的物品及件数，才可使总效用最大？

表 7-3-1

物　品	重量(kg)	效　用
1	5	26
2	3	16
3	2	9
4	1	5

（1）点击 WinQSB 中的"Dynamic Programming"，进入初始界面。点击"新建"按钮或"files"里的"New problem"，在问题类型中选择"Knapsack Problem"，填入问题名称：例 7-3-1，输入种类数：4，点击"OK"，如图 7-3-6 所示。

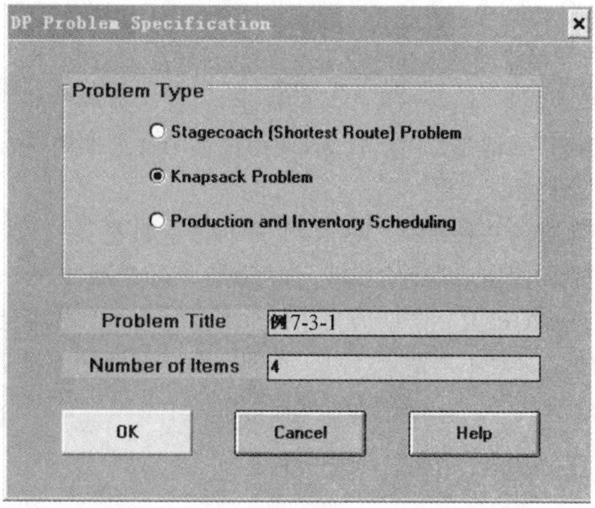

图 7-3-6

（2）输入数据。分别输入每种物品的最高限量、单位重量、价值函数和背包容量。在本题中，没有每种物品的最高限量，但有总重量限制，所以只输入总重限量，如图 7-3-7 所示。

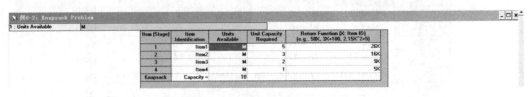

图 7-3-7

（3）求解。单击"Solve and Analyze—Solve the problem"，结果如图 7-3-8 所示。

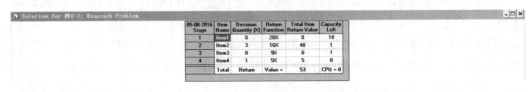

图 7-3-8

这样，就得到了最优结果：1、3 两种物品不装，而第 2 种物品装 3 件，第 4 种物品装 1 件，最大效用为 53。

同样道理，其他诸如生产与存储问题操作方法与上边两种并无二致，在这里也就不再赘述。

任务四　动态规划的应用案例

动态规划可以解决生产生活中很多多阶段决策问题。除了上面提过的最短路线问题、背包问题之外，还有生产与存储问题、资源分配问题等。在这里，我们将提供一些动态规划的应用方向，供大家参考。

例 7-4-1　生产与存储问题　一个工厂生产的某种产品，在一定时期内，增大生产批量能够降低产品的单位成本，但若超过市场的需求量，就会造成产品的积压，从而增加存储的费用。因此，如何正确地制订生产计划，使得在整个计划期内，生产和存储的总费用最小，就是生产与存储问题。

例如：假设某厂生产的一种产品，以后四个月的订单如表 7-4-1 所示，合同规定在月底交货，生产每批产品的固定成本为 4 000 元，每批生产的产品件数不限。每件产品的可变成本为 1 500 元，每批的最大生产能力为 7 件。产品每件每月的存储费为 400 元。设 4 月初有库存产品 1 件，7 月底不再留下产品。请问在满足需要的前提下，如何组织生产才能使总得成本费用最低。

表 7-4-1

月 份	4	5	6	7
订货量	5	5	4	6

例 7-4-2 资源分配问题 将一定数量的一种或若干种资源(如人力、资金、设备、材料、时间等),合理分配给若干个使用者(或生产活动),使资源投放后总效果最优。这就是所谓的资源分配问题。

假设国家拨款和地方自筹共 600 万元资金供某工业部门四个老企业进行技术改造之用,各企业技术改造后所得到的利润与投资额大小的关系如表 7-4-2 所示,要求确定各工厂的投资数量,使得这些工厂接受后,该部门为国家提供的总利润达到最大。

表 7-4-2

工厂利润(万元) 投资额(百万元)	工厂 A	工厂 B	工厂 C	工厂 D
0	0	0	0	0
1	40	40	50	50
2	100	80	120	80
3	130	100	170	100
4	160	110	200	120
5	170	120	220	130

例 7-4-3 设备更新问题 在工业和交通运输等企业中,经常遇到设备(含机器、仪器等)更新改造的问题。一方面,由于使用年限的增加,设备必然要发生损坏和老化,从而影响设备的工作精度及产品的质量,要继续维持正常生产,就得花费较大的维修费用,这影响企业的经济效益;另一方面,若购置新设备,虽然会花费一笔较大的投资,但效益往往相当可观。因此,如何权衡利弊,制订一个设备更新的最优策略,就是摆在我们面前的一项重要任务。采用动态规划方法在一定程度上可以解决这类问题,并为决策者科学决策提供参考依据。

根据预测资料,已得到如表 7-4-3 的各种有关数据。现假定 $n=5$(到 2019 年为止),试作出五年内各年的设备更新策略。

表 7-4-3

产品年代	机 龄	收入额(千元)	维修费(千元)	新设备购置费(千元)	旧设备折旧费(千元)
2014 年前	1	18	8	50	20
	2	16	8		15
	3	16	9		10
	4	14	9		5
	5	14	10		2

产品年代	机 龄	收入额 （千元）	维修费 （千元）	新设备购置费 （千元）	旧设备折旧费 （千元）
2015 年	0	22	6	50	30
	1	21	6		25
	2	20	8		20
	3	18	8		15
	4	16	10		10
2016 年	0	27	5	52	31
	1	25	6		26
	2	24	8		21
	3	22	9		15
2017 年	0	29	5	52	33
	1	26	5		28
	2	24	6		20
2018 年	0	30	4	55	35
	1	28	5		30
2019 年	0	32	4	60	40

任务五　动态规划的应用练习

1. 某人外出旅游，需将 5 种物品装入背包，但背包重量有限制，总重量 W 不得超过 13 kg，物品重量及其价值的关系如表 7-5-1 所示。试问如何装入这些物品，使背包总价值最大？

表 7-5-1

物 品	重量(kg)	价值(元)
A	7	9
B	5	4
C	4	3
D	3	2
E	1	0.5

2. 假设要从 A 城市到 E 城市铺设一条输油管道，中间需要经过三个地区，每个地区都有若干个转运站，构成了许多不同的输油路线，转运站间的数字表示站间的运输路径的长度见图 7-5-1。由于地理条件等原因，某些地区之间不能直接铺设相通的管道。现需

求出一条使总路径最短的管道路线。

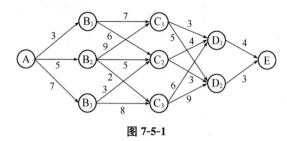

图 7-5-1

3. 某工厂生产并销售某种产品,已知今后四个月的市场需求量预测如表 7-5-2:

表 7-5-2

阶段 k(月)	1	2	3	4
需求量 d_k	2	3	2	4

单位生产成本为

$$C_k = \begin{cases} 0 & (x_k=0) \\ 3+x_k & (x_k=1,2,3,\cdots,6) \end{cases}$$

已知该厂最大的库存容量为 3 单位,每月最大生产能力为 6 单位,并假设第 $k+1$ 个月的库存量为第 k 个月可销售量(等于第 k 个月库存量与生产量之和)与该月用户需求量之差。每批产品的固定生产成本为 3 千元,不生产时设固定生产成本为 0 元,单位产品的生产变动成本为 1 千元,每月单位产品的库存费用为 0.5 千元。试制订 4 个月的生产计划,在满足用户需求条件下实现总费用最小(即从第 1 月月初至第 4 月月末的总生产成本最小)。

4. 某公司准备在一艘货船上装载 3 种货物,每箱重量和单价见表 7-5-3,货物总载重为 7 t,求 3 种货物各装多少箱才使总价值最大?

表 7-5-3

货物编号 i	1	2	3
每箱重量 w_i	3	4	5
每箱价值 v_i	4	5	6

5. 某工厂生产 3 种产品,各种产品质量与利润关系见表 7-5-4,现将此 3 种产品运往市场出售,运输能力总质量不超过 6 吨,问应运输每种产品各多少件可使总利润最大?

表 7-5-4

产　品	质量(吨/件)	利润(千元/件)
1	2	80
2	3	130
3	4	180

6. 设某商店有 5 万元资金,拟在 3 个地区筹建售货点,由于各地的环境不同,使用资金所能获得的收益也不同,具体年收益和投资的数据如下见表 7-5-5。问商店应如何分配资金,才能使总的年收益最大?

表 7-5-5

投资额 地点	0	1	2	3	4	5
A	0	2	4	5	5	6
B	0	0	3	4	6	8
C	0	3	4	5	5	6

7. 有一个工厂要确定明年各季度的生产计划,通过订货了解到各季度对产品的需求量分别为 3 000 件、4 000 件、5 000 件和 3 000 件,又知道工厂生产该产品的季度固定成本为 10 万元,但如果在某季度中,该种产品 1 件也不生产,则可以不支付固定成本费,单件产品的可变成本为 50 元。由于设备的能力所限,每季度最多只能生产 5 000 件,若产品销售不出去,则每件每季度的储存费用为 8 元。假设本年年底无存货转入下年,明年年末也不需要留有存货,问各季度的生产计划应该如何安排,才能使总的生产费用最省?

8. 某制造厂根据合同,要在 1 月至 4 月的每月月底供应零件各为 40 件、50 件、60 件、80 件。该厂 1 月份并无存货,至 4 月月末亦不准备留存。已知每批的生产准备费用为 100 元,若当月生产的零件交运不出去,需要仓库存贮,存贮费用为每件 2 元/月。该厂每月的最大生产能力为 100 件。问应如何安排生产,才能使费用总和为最小?

9. 某工厂使用一种关键设备,每年年初设备科需要对该设备的更新与否作出决策。现已知在五年内购置该种新设备的费用和各年内设备维修费如表 7-5-6 所示。试制定五年内的设备更新方案,使总的支付费用最小。

表 7-5-6

单位:千元/台

第 i 年年初	1	2	3	4	5
购置费用	11	11	12	12	13
第 i 年	1	2	3	4	5
维修费用	5	6	8	11	18

项目八 存储论

教学目标

知识目标	(1) 能正确描述存储策略； (2) 能正确理解费用指标； (3) 能正确描述确定型经济订货批量模型； (4) 能正确描述不确定型经济订货批量模型。
技能目标	(1) 熟练并建立存储论的数学模型； (2) 能正确应用确定型经济订货批量模型解决现实问题； (3) 能正确应用不确定型经济订货批量模型解决现实问题。

学习时间

6 学时

内容简介

存储就是将一些物资(如原材料、外购零件、部件、在制品等)储存起来以备将来的使用和消费。存储的作用是缓解供应与需求之间出现供不应求或供大于求等不协调情况的必要和有效的方法和措施。

存储论也称库存论(inventory theory)，是研究物资最优存储策略及存储控制的理论。物资的存储是工业生产和经济运转的必然现象。任何工商企业，如果物资存储过多，不但积压流动资金，而且还占用仓储空间，增加保管费用。如果存储的物资是过时的或陈旧的，会给企业带来巨大经济损失；反之，若物资存储过少企业就会失去销售机会而减少利润，或由于缺少原材料而被迫停产，或由于缺货需要临时增加人力和费用。寻求合理的存储量、订货量和订货时间是存储论研究的重要内容。

任务一　存储论的基本概念

1.1　存储论的概念

工厂为了生产,必须储存一些原料,把这些储存物称为**存储**(或存贮、库存)。生产时从存储中取出一定数量的原料消耗掉,使存储减少生产不断进行,存储不断减少,到一定时刻必须对存储给以补充,否则存储用完,生产无法进行。一般来说,存储量因需求而减少,因补充而增加。

1.2　存储系统

存储系统是由存储、补充和需求三个基本要素所构成的资源动态系统,其基本形态如图 8-1-1 所示。

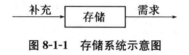

图 8-1-1　存储系统示意图

1.2.1　存储

企业的生产经营活动总是要消耗一定的资源,由于资源供给与需求在时间和空间上的矛盾,使企业贮存一定数量的资源成为必然,这些为满足后续生产经营需要而贮存下来的资源就称为**存储**。

1.2.2　补充

补充即存储的输入。由于后续生产经营活动的不断进行,原来建立起来的存储逐步减少,为确保生产经营活动不间断,存储必须得到及时的补充。补充的办法可以是企业外采购,也可以是企业内生产。若是企业外采购,从订货到货物进入"存储"往往需要一定的时间,这一滞后时间称为**采购时间**。从另一个角度看,为了使存储在某一时刻能得到补充,由于滞后时间的存在必须提前订货,那么这段提前的时间称为**提前期**。存储论主要解决的问题就是"存储系统多长时间补充一次和每次补充的数量是多少",对于这一问题的回答便构成了所谓的**存储策略**。

1.2.3　需求

需求即存储的输出,它反映生产经营活动对资源的需要,即从存储中提取的资源量。需求可以是间断式的,也可以是连续式的。

1.2.4　费用

存储系统所发生的费用包括存储费用、订货费用、生产费用和缺货费用。

1. 存储费用

库存从入库到出库整个过程中直接用于库存的费用,称为**存储费用**。这是指贮存资源占用资本应付的利息,以及使用仓库、保管物、保管人力、货物损坏变质等支出的费用。如保管费、占用资金利息、损耗费用等。

2. 订货费用

订货费用包括两项:一项是订购费用(固定费用),指每次采购所需要的手续费、电信费、差旅费等,它的大小与采购次数有关而与每次采购的数量无关。另一项是货物的成本费用(变动费用),与订货数量有关,如货物本身的价格、运费等。

3. 生产费用

生产费用是指假如不需向外厂订货,自行生产所支付的费用。

4. 缺货费用

缺货费用是指当存储供不应求时所引起的损失,如机会损失、停工待料损失,以及不能履行合同而缴纳的罚款等。在不允许缺货的情况下,缺货费用无穷大。

1.2.5　存储策略

补充库存的方法,称为**存储策略**。常见的策略有以下三种类型:

(1) t_0 循环策略:每隔 t_0 时间补充存储量 Q。

(2) (s,S) 策略:每当存储量 $x>s$ 时,不补充;当 $x \leqslant s$ 时,补充存储,补充量为 $Q=s-x$(即将存储量补充到 s)。

(3) (t,s,S) 策略:每经过 t 时间检查存储量 x,当 $x>s$ 时,不补充存储;当 $x \leqslant s$ 时,补充存储,补充量 $Q=s-x$,使之达到 S。

1.2.6　提前时间

通常从订货到货物入库有一段时间,为了及时补充库存,一般要提前订货,该提前时间等于从下达订单到货物入库的时间长度。

1.2.7　目标函数

要在一类策略中选择最优策略,就需要有一个赖以衡量优劣的准绳,这就是目标函数。在存储论模型中,目标函数是指平均费用函数或平均利润函数。最优策略就是使平均费用函数最小或使平均利润函数最大的策略。

确定存储策略时,首先将实际问题抽象为数学模型,在形成模型过程中,对一些复杂的条件尽量简化,只要模型能反映问题的本质即可。然后用数学的方法对模型进行求解,得出数量的结论。结论正确与否,需要在实践中检验。若不符合实际,则要对模型加以修改,重新建立、求解、检验,直到满意。

存储的模型一般分为:确定型的存储模型和随机型的存储模型。本章重点研究确定型存储模型,在存储模型中,目标函数是选择最优策略的准则。常见的目标函数是关于总费用或平均费用或折扣费用(或利润)的。最优策略的选择应使费用最小或利润最大。

任务二 经济订货批量模型

假定在单位时间内(或称计划期)的需求量为已知常数,货物供应速率、订货费、存储费和缺货费已知,其订货策略是将单位时间分成 n 等分的时间区间 t,在每个区间开始订购或生产相同的货物量,形成 t 循环储存策略。在建立储存模型时定义了下列参数及其含义。

D:需求速率,单位时间内的需求量;

P:生产速率或再补给速率;

A:生产准备费用;

C:单位货物获得成本;

H:单位时间内单位货物持有(储存)成本;

B:单位时间内单位货物的缺货费用;

π:单位货物的缺货费用,与时间无关;

t:订货周期,周期性订货的时间间隔期,也称为订货区间;

L:提前期,从提出订货到所订货物进入存储系统之间的时间间隔,也称为订货提前时间或拖后时间;

Q:订货批量或生产批量,一批订货或生产的货物数量;

S:最大缺货量,即最大缺货订单;

R:再订货点;

n:单位时间内的订货次数,显然有 $n=\dfrac{1}{t}$。

模型的目标函数是以总费用(总订货费+总存储费+总缺货费)最小这一准则建立的。根据不同的供货速率和不同要求的存储量(允许缺货和不允许缺货)建立不同的存储模型,求出最优存储策略(即最优解)。这种需求量是确定的模型称为确定型储存模型。

2.1 模型一:瞬时供货,不允许缺货的经济批量模型

此模型的特征是:供货速率为无穷大,不允许缺货,提前期固定,每次订货手续费不变,单位时间内的储存费不变。需求速率 D 为均匀连续的,每次订货量不变,以周期 t 循环订货。先考虑提前期为零(即当存量降至零时,可以立即得到订货量 Q)的情形。

最优存储策略是:求使总费用最小的订货批量 Q^* 及订货周期 t^*。

将单位时间看作一个计划期,设在计划期内分 n 次订货,订货周期为 t,在每个周期内的订货量相同。由于周期长度一样,故计划期内的总费用等于一个周期内的总费用乘以 n。

在$[0,t]$周期内,存储量不断变化,当存量降到零时,应立即补充整个t内的需求量Dt,因此订货量为$Q=Dt$,最大存量为Q,然后以速率D下降(见图8-2-1),在$[0,t]$内存量是t的函数$y=Q-Dt$。

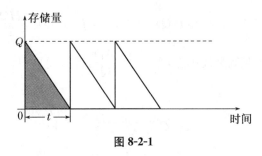

图 8-2-1

$[0,t]$内的存储费是以平均存量来计算的,由图可知,$[0,t]$内的总存量(即累计存量)为

$$\int_0^t (Q-Dt)\mathrm{d}x = Qt - \frac{1}{2}Dt^2 = \frac{1}{2}Qt$$

上式也可采用求图8-2-1中三角形面积的方法得到。在$[0,t]$内的平均存量为

$$\overline{y} = \frac{1}{t} \cdot \frac{1}{2}Qt = \frac{1}{2}Q$$

也是单位时间内的平均存量。H是单位货物在计划期内的存储费,故在单位时间内的内总存储费为$\dfrac{QH}{2}$。

在一个周期内的订货固定手续费为A,计划期内分n次订货,由$n=\dfrac{1}{t}$知总订货费用为

$$(A+KQ)n = \frac{A}{t} + \frac{CQ}{t}$$

计划期内的总费用最小的储存模型为:

$$\min f = \frac{1}{2}HQ + \frac{1}{t}A + \frac{1}{t}CQ$$

$$Q = Dt, \quad Q \geqslant 0, \quad t \geqslant 0$$

由$t=\dfrac{Q}{D}$代入消去变量t,得到无条件极值

$$\min f(Q) = \frac{1}{2}HQ + \frac{1}{Q}AD + CD \tag{8.1}$$

利用微分学知识,$f(Q)$在Q^*点有极值的必要条件是$\dfrac{\mathrm{d}f}{\mathrm{d}Q^*}=0$,因此有

$$\frac{\mathrm{d}f}{\mathrm{d}Q} = \frac{1}{2}H - \frac{1}{Q^2}AD = 0 \tag{8.2}$$

解出Q,得

$$Q = \pm\sqrt{\frac{2AD}{H}}$$

舍去小于零的解,由式(8.2)得 $\dfrac{\mathrm{d}^2 f}{\mathrm{d}Q^2}=\dfrac{2AD}{Q^3}$,当 $Q^*=\sqrt{\dfrac{2AD}{H}}$ 时,$\dfrac{\mathrm{d}^2 f}{\mathrm{d}Q^{*2}}=\sqrt{\dfrac{H^3}{2AD}}>0$,故 Q^* 是式(8.1)的最优解。

另一求解方法为:去掉式(8.1)$f(Q)$中常数项 CD,$f(Q)$ 是 $\dfrac{HQ}{2}$ 的增函数,是 $\dfrac{AD}{Q}$ 的减函数。这两个函数的交点就是最小点,令 $\dfrac{HQ}{2}=\dfrac{AD}{Q}$,解出 Q 即可。

则有

$$Q^*=\sqrt{\frac{2AD}{H}} \tag{8.3}$$

$$t^*=\frac{Q^*}{D}=\sqrt{\frac{2AD}{H}} \tag{8.4}$$

最小费用为

$$f^*=\sqrt{2HAD}+CD=HQ^*+CD \tag{8.5}$$

由 $n=\dfrac{1}{t}$ 可得最优订货次数

$$n^*=\frac{1}{t^*}=\sqrt{\frac{HD}{2A}} \tag{8.6}$$

模型一是求总费用最小的订货批量,通常称为**经典经济订货批量**(economic ordering quantity),缩写为 EOQ 模型。下面要讲的几种模型都是这种模型的推广。

再看提前期 L 不为零的情形,若从订货到收到货之间相隔时间为 L,那么就不能等到存量为零再去订货,否则就会发生缺货。为了保证这段时间存量不小于零,存量降到某一水平就要提出订货,这一水平称为**再订货点**。

模型与式(8.1)相同,最优批量不变,再订货点为

$$R=DL \tag{8.7}$$

式中 R 为再订货点,即当降到 DL 时就要发出订货申请的信号,当 $t^*<L\le 2t^*$ 时,订货点应该是 $R=D(L-t^*)$,此时会出现有两张未到货的订单。同样可讨论 $L>2t^*$ 的情形。

例 8-2-1 某企业全年需某种材料 1 000 吨,单价为 500 元/吨,每吨年保管费为 50 元,每次订货手续费为 170 元,求最优存储策略。

解:计划期为一年,已知 $D=1\,000,H=50,A=170,C=500$。由公式可得

$$Q^*=\sqrt{\frac{2\times 1\,000\times 170}{50}}\approx 82(吨)$$

$$t^*=\sqrt{\frac{2\times 170}{1\,000\times 50}}\approx 0.082(年)=30(天)$$

$$f^*=\sqrt{2\times 50\times 170\times 1\,000}+500\times 1\,000\approx 504\,123(元)$$

即最优存储策略为每隔一个月进货 1 次,全年进货 12 次,每次进货 82 吨,总费用为 504 123 元。

2.2　模型二:瞬时供货,允许缺货的经济批量模型

此模型的特征是:当存量降到零时,不一定非要立即补充,允许一段时间缺货,但到货后应将缺货数量马上全部补齐,即缺货预约,其他特征同模型一。

暂时缺货现象在实际中是存在的,如顾客在购买某商品时发生缺货是能够容忍的。允许缺货的存储策略有得有失。一方面因缺货而耽误需求会造成缺货损失,另一方面由于允许缺货就可减少存储量和订货次数,因而节省存储费和订货费。因此企业除支付缺货费外没有其他损失时,在每个周期内有缺货现象对企业有利。除了模型一中的参数外,还假设以下参数。

S:在周期 t 内的最大缺货量。

Q_1:在周期 t 内的最大存储量。

t_1:存储量为非负的时间周期。

t_2:缺货周期(存储量为负数的时间周期)。

由于采取缺货预约存储策略,所以在一个周期内的订货量仍为 $Q=Dt$,在 t_1 内有存量,需求量为 $Q_1=Dt_1$,在 t_2 内缺货量为 $S=Dt_2$(见图 8-2-2),不难看出 $Q=Q_1+S=D(t_1+t_2)=Dt$。

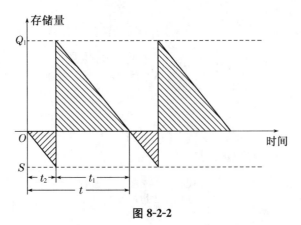

图 8-2-2

与模型一的推导类似,存量变化如图 8-2-2 所示。在一个周期内的平均存量为 $\dfrac{Q_1 t_1}{2t}$,平均缺货量为

$$\frac{St_2}{2t}=\frac{S(t-t_1)}{2t}$$

相应的,

存储费 $=\dfrac{1}{2}HQ_1 t_1$

缺货费 $=\dfrac{1}{2}BS(t-t_1)=\dfrac{1}{2}B(Q-Q_1)(t-t_1)$

订货费 $=A+CQ$

则在计划期内总费用最小的存储模型为

$$\min f = \frac{1}{2t}HQ_1t_1 + \frac{1}{2t}B(Q-Q_1)(t-t_1) + \frac{A}{t} + \frac{CQ}{t} \tag{8.8}$$

$$Q = Dt, \quad Q_1 = Dt_1, \quad Q, Q_1, t, t_1 \geqslant 0$$

消去目标函数中的变量 Q 和 t_1,式(8.8)便得

$$\min f(Q_1, t) = \frac{1}{2Dt}HQ_1^2 + \frac{1}{2Dt}B(Dt-Q_1)^2 + \frac{A}{t} + CD \tag{8.9}$$

求式(8.9)的二元函数极值。

$$\frac{\partial f}{\partial Q_1} = \frac{2HQ_1}{2Dt} - \frac{2B(Dt-Q_1)}{2Dt} = \frac{(H+B)Q_1}{Dt} - B = 0 \tag{8.10}$$

$$\frac{\partial f}{\partial t} = -\frac{HQ_1^2}{2Dt^2} + \frac{B}{2D}\frac{2(Dt-Q_1)Dt-(Dt-Q_1)^2}{t^2} - \frac{A}{t_2}$$

$$= \frac{BD}{2} - \frac{(H+B)Q_1^2}{2Dt^2} - \frac{A}{t^2} = 0 \tag{8.11}$$

由式(8.10)得 $Q_1 = \dfrac{BDt}{H+B}$,将 Q_1 代入式(8.11)得 $\dfrac{BD}{2} - \dfrac{B^2}{2(H+B)} - \dfrac{A}{t^2} = 0$,得到最优解

$$Q_1^* = \sqrt{\frac{2AD}{H}}\sqrt{\frac{B}{H+B}} \tag{8.12}$$

$$t^* = \sqrt{\frac{2A}{HD}}\sqrt{\frac{H+B}{B}} \tag{8.13}$$

$$Q^* = Dt^* = \sqrt{\frac{2AD}{H}}\sqrt{\frac{H+B}{B}} \tag{8.14}$$

总费用为

$$f^* = \sqrt{2HAD}\sqrt{\frac{B}{H+B}} + CD \tag{8.15}$$

由 $Q_1 = Dt_1, Q = Q_1 + S$ 可得

$$t_1^* = \frac{Q_1^*}{D} = \sqrt{\frac{2A}{HD}}\sqrt{\frac{B}{H+B}}$$

$$S^* = Q^* - Q_1^* = \sqrt{\frac{2AD}{B}}\sqrt{\frac{H}{H+B}}$$

例 8-2-2 某工厂按照合同每月向外单位供货 100 件,每次生产准备结束费用为 5 元,每件年存储费为 4.8 元,每件生产成本为 20 元,若不能按期交货每件每月罚款 0.5 元(不计其他损失),试求总费用最小的生产方案。

解:计划期为一个月,$D=100, H=4.8\div12=0.4, B=0.5, A=5, C=20$,利用公式可得

$$t^* = \sqrt{\frac{2\times5\times(0.4+0.5)}{0.4\times0.5\times100}} \approx 0.67(月) \approx 20(天)$$

$$Q^* = Dt^* = 100\times0.67 = 67(件)$$

$$f^* = \sqrt{\frac{2\times0.4\times0.5\times5\times100}{0.4+0.5}} + 20\times100 = 2\,014.9(元)$$

$$Q_1^* = \sqrt{\frac{2 \times 5 \times 100 \times 0.5}{0.4(0.4+0.5)}} \approx 37(\text{件})$$

$$S^* = Q^* - Q_1^* = 30(\text{件})$$

即工厂每隔 20 天组织一次生产,产量为 67 件,最大存储量为 37 件,最大缺货量为 30 件。

2.3　模型三:边供应边需求,不允许缺货的经济批量模型

此模型的特征是:物资的供应不是成批的,而是以速率 $P(P>D)$ 均匀连续地供应,存储量逐渐补充,不允许缺货。在生产过程中的在制品流动就属于这种订货类型,这类模型也称为生产批量模型。设 t 为生产周期,存储量变化情况如图 8-2-3 所示。

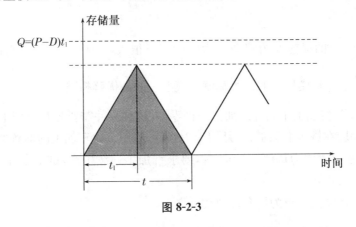

图 8-2-3

图 8-2-3 中的 t_1 为一个供货周期 t 内的生产时间,产量为 Dt,t_1 是生产需求量 Dt 所花费的时间周期,显然 $t_1 < t$,当存量为零时开始生产,存量以速率 $P-D$ 增加,当产量达到 Dt 时停止生产,然后存量以速率 D 减少,直到存量为零时又开始生产。

在 t 内的最高存储量为 $(P-D)t_1$,平均存储量为 $\frac{(P-D)t_1}{2}$,订货量 $Q=Dt=Pt_1$。存储费为 $\frac{H(P-D)t_1 t}{2}$,订货手续费为 A,购置费为 CQ,则在 t 内的总费用为

$$\frac{H(P-D)t_1 t}{2} + A + CQ$$

从而在计划期内的平均总费用最小的存储模型为

$$\min f = \frac{1}{2} H(P-D)t_1 + \frac{A}{t} + \frac{CQ}{t} \tag{8.16}$$

$$Q = Dt, \quad Q = Pt_1, \quad Q, t, t_1 \geqslant 0$$

消去变量 t_1,得到无条件极值

$$\min f(Q) = \frac{1}{2} HQ\left(1 - \frac{D}{P}\right) + \frac{1}{Q}AD + CD \tag{8.17}$$

令 $\dfrac{\mathrm{d}f}{\mathrm{d}Q} = 0$,得

$$\frac{\mathrm{d}f}{\mathrm{d}Q}=\frac{1}{2}H\left(1-\frac{D}{P}\right)-\frac{AD}{Q_2}=0$$

解出 Q 得

$$Q^*=\sqrt{\frac{2AD}{H}}\sqrt{\frac{P}{P-D}} \tag{8.18}$$

$$t^*=\frac{Q*}{D}=\sqrt{\frac{2A}{HD}}\sqrt{\frac{P}{P-D}} \tag{8.19}$$

总费用为

$$f^*=\sqrt{2HAD}\sqrt{\frac{P-D}{P}}+CD \tag{8.20}$$

由 $Q=Pt_1$ 得到

$$t_1^*=\frac{Q^*}{P}=\sqrt{\frac{2AD}{HP(P-D)}}$$

若将模型一中的提前期为零理解为生产速率很大,则当 $P\to+\infty$ 时, $t_1\to0$, $\frac{D}{P}\to0$, $\frac{P}{P-D}$ 和 $\frac{P-D}{P}$ 趋于 1,模型三的最优解就与模型一的最优解相同。

例 8-2-3 某机加工车间计划加工一种零件,这种零件需要先在车床上加工,每月可加工 500 件,然后在铣床上加工,每月加工 100 件,组织一次车加工的准备费用为 5 元,车加工后的在制品保管费为每件 0.5 元/月,要求铣加工连续生产,试求车加工的最优生产计划(不计生产成本)。

解:铣加工连续生产意为不允许缺货。

已知 $P=500$, $D=100$, $H=0.5$, $A=5$, $1-\frac{D}{P}=1-100\div500=0.8$,由公式得

$$Q^*=\sqrt{\frac{2\times5\times100}{0.5\times0.8}}=50(件)$$

$$t^*=\frac{Q*}{D}=\frac{50}{100}=0.5(月)=15(天)$$

$$f^*=\sqrt{2\times0.5\times5\times100\times0.8}=20(元)$$

即车加工的最优生产计划是每月 15 天组织一次生产,产量为 50 件。

在上例中,若每次准备费用改为 50 元,则生产间隔期为 $t^*=47$ 天,说明准备费用增加后,生产次数要减少。

2.4 模型四:边供应边需求,允许缺货的经济批量模型

此模型允许缺货,到货后要补充缺货量,其余特征同模型三,存储量变化如图 8-2-4 所示。

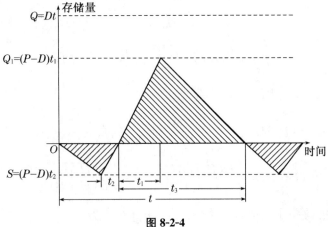

图 8-2-4

在周期 t 内，$t-t_3$ 时间内是缺货周期，t_1+t_2 时间内是生产时间，生产量等于 t 内的需求量，即 $P(t_1+t_2)=Dt$，在 t_1 内的生产量等于 t_3 内的需求量，即 $Pt_1=Dt_3$，故最高存储量为 $(P-D)t_1$，t 内的平均存储量为 $\dfrac{(P-D)t_1t_3}{2t}$，存储费为 $\dfrac{H(P-D)t_1t_3}{2t}$。

在 $t-t_3$ 内，生产量等于缺货量（需求量），即 $(t-t_3)D=t_2P$，最大缺货量为 $(P-D)t_2$，t 内平均缺货量为 $\dfrac{(P-D)(t-t_3)t_2}{2t}$，缺货费为 $\dfrac{B(P-D)(t-t_3)t_2}{2t}$，生产成本为 CQ，准备费用为 A，则在计划期内使总费用最小的存储模型为

$$\min f=\frac{1}{2t}H(P-D)t_1t_3+\frac{1}{2t}B(P-D)(t-t_3)t_2+\frac{A}{t}+\frac{CQ}{t}$$

$$\begin{cases} Q=Dt \\ Pt_1=Dt_3 \\ D(t-t_3)=Pt_2 \\ Q,t,t_1,t_2,t_3\geqslant 0 \end{cases}$$

由约束条件消去变量 Q、t_1、t_2 得到无条件极值

$$\min f(t_1,t_3)=\frac{1}{2Pt}HD(P-D)t_3^2+\frac{1}{2Pt}BD(P-D)(t-t_3)^2+\frac{A}{t}+CD \qquad (8.21)$$

令 $\dfrac{\partial f}{\partial t}=0$，$\dfrac{\partial f}{\partial t_3}=0$，解方程组

$$\frac{\partial f}{\partial t}=-\frac{HD(P-D)t_3^2}{2Pt^2}-\frac{1}{4P^2t}\left[4BPD(P-D)(t-t_3)t-2BPD(P-D)(t-t_3)^2\right]-\frac{A}{t^2}=0$$

$$\frac{\partial f}{\partial t_3}=\frac{2HD(P-D)t_3}{2Pt}-\frac{AD(P-D)(t-t_3)}{2Pt}=0$$

得到最优解

$$t^*=\sqrt{\frac{2A}{HB}}\sqrt{\frac{H+B}{B}}\sqrt{\frac{P}{P-D}} \qquad (8.22)$$

$$t_3^*=\sqrt{\frac{2A}{HD}}\sqrt{\frac{B}{H+B}}\sqrt{\frac{P}{P-D}} \qquad (8.23)$$

$$Q^* = Dt^* = \sqrt{\frac{2AD}{H}}\sqrt{\frac{H+B}{B}}\sqrt{\frac{P}{P-D}} \tag{8.24}$$

$$f^* = \sqrt{2HAD}\sqrt{\frac{B}{H+B}}\sqrt{\frac{P-D}{P}} + CD \tag{8.25}$$

最大存储量 Q_1 及最大缺货量 S 为

$$Q_1 = (P-D)t_1 = \frac{D(P-D)t_3}{P} = \sqrt{\frac{2AD}{H}}\sqrt{\frac{B}{H+B}}\sqrt{\frac{P-D}{P}} \tag{8.26}$$

$$S = (P-D)t_2 = \frac{D(P-D)(t-t_3)}{P} = \sqrt{\frac{2HAD}{B(H+B)}}\sqrt{\frac{P-D}{P}} \tag{8.27}$$

若令 $a = \sqrt{B/(H+B)}, b = \sqrt{(P-D)/P}$，上述公式为

$$t^* = \sqrt{\frac{2A}{HD}}\frac{1}{ab}$$

$$t_3^* = \sqrt{\frac{2A}{HD}}\frac{a}{b}$$

$$Q^* = \sqrt{\frac{2AD}{H}}\frac{1}{ab}$$

$$f^* = \sqrt{2HAD}ab + CD$$

这是一般模型,令 $B \to +\infty$ 得到模型三,令 $P \to +\infty$ 得到模型二,同时令 $B \to +\infty$、$P \to +\infty$ 得到模型一,从而前面的三种模型是允许缺货的生产批量模型的特殊情况。

例 8-2-4 在例 8-2-3 中,若允许铣加工可以间断,停工造成损失费为 $B = 1$ 元/(月·件),求车加工的最优生产计划。

解:利用例 8-2-3 的计算结果, $a = \sqrt{1/(1+0.5)} \approx 0.82$,则有

$Q^* = 50 \times \dfrac{1}{0.82} \approx 61$(件)

$t^* = 15 \times \dfrac{1}{0.82} \approx 18$(天)

$f^* = 20 \times 0.82 = 16.4$(元)

$Q_1 = 32.66$(件)

$S = 16.33$(件)

即 18 天组织一次车加工,生产批量为 61 件。由此例看出,当允许缺货时生产间隔期延长了,费用减少了 3.6 元。

总费用、存储费、订货费和缺货费与订货量的变化曲线及其关系如图 8-2-5 所示。

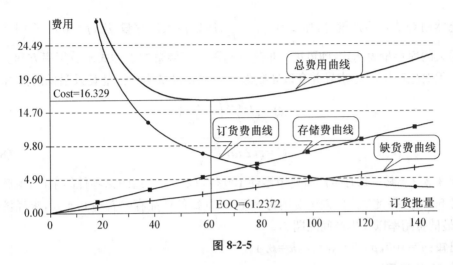

图 8-2-5

掌握了上述四种模型的推导原理后,还可以推导出其他许多变形的经济批量模型,如缺货不补充、缺货部分补充、缺货费用与时间无关(商场缺货时顾客放弃购买而损失销售利润)等模型。

任务三　经济生产批量模型

3.1　模型一:不允许缺货,生产批量模型

库存的补充并非总是能瞬间完成的,有时它是一点点逐渐进行的。如果库存的货物不是从外部买入的,而是自己内部生产的,情况就是如此。因为库存补充从外部买入转为内部生产,所以相应的采购批量也改为生产批量,其模型称为**生产批量模型**。生产批量模型与采购批量模型非常相似,它的存储动态如图 8-3-1 所示。

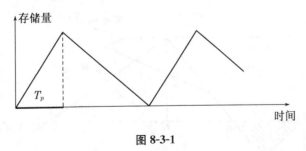

图 8-3-1

图中加重标以 T_p 的粗线段表示生产持续的时间,当然在此期间需求也在连续而稳定地进行,生产的产品一部分满足需求,一部分作为存货进入存储过程。让 p 表示生产率,且有 $p>d$。假设分析过程从零库存开始,由于此时生产与需求同时进行,所以库存的净增长率为 $p-d$,库存将连续增加 T_p 这么长时间,T_p 就是生产完一批货物所需的时间。

如果仍然用 Q 表示生产批量,那么有 $T_p = \dfrac{Q}{p}$,所以最大库存量 $T_p(p-d) = Q\left(1 - \dfrac{d}{p}\right)$。有了最大的库存量表达式,即可进一步建立起平均存储量的表达式及费用率方程。将费用率方程对生产批量 Q 求导并令该导数为 0,可求得经济生产批量 Q 及最低的费用率 C

$$Q = \sqrt{\frac{2ad}{h}\left(\frac{p}{p-d}\right)} \tag{8.28}$$

$$C = \sqrt{2adh\left(\frac{p-d}{p}\right)} \tag{8.29}$$

例 8-3-1　某厂每月生产需要甲零件 100 件,该厂自己组织该零件的生产,生产速度为每月 500 件,每批生产的固定费用为 5 元,每月每件产品存储费为 0.4 元,求经济生产批量、最低费用率以及生产间隔期。

已知：$d=100, p=500, a=5, h=0.4$。

求：Q、C 和 T。

解：通过已知得,$d=100, p=500, a=5, h=0.4$,根据公式得

$$Q = \sqrt{\frac{2ad}{h}\left(\frac{p}{p-d}\right)} = \sqrt{\frac{2\times 5\times 100}{0.4}\times\left(\frac{500}{500-100}\right)} \approx 56(\text{件})$$

$$C = \sqrt{2adh\left(\frac{p-d}{p}\right)} = \sqrt{2\times 5\times 100\times 0.4\times\left(\frac{500-100}{500}\right)} \approx 18(\text{元})$$

$$T = \frac{Q}{d} = \frac{56}{100}(\text{月}) \approx 17(\text{天})$$

每批生产批量约为 56 件,每月生产所需最低固定费用及存储费用约为 18 元,生产间隔期约为 17 天。

3.2　模型二:允许缺货,生产批量模型

该模型的假设条件除允许缺货外,其余条件皆与不允许缺货生产批量模型相同。其存储动态如图 8-3-2 所示。

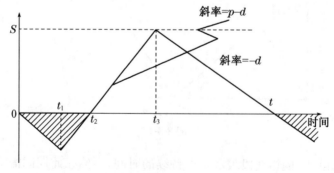

图 8-3-2

取 $[0,t]$ 为一个存储周期,$[t_1,t_3]$ 为生产周期(即一批产品生产所持续的时间),$[0,t_2]$ 时间里存储量为 0,B 为最大缺货量。由图知

$$B=d\times t_1=(p-d)(t_2-t_1)$$

即
$$t_1=\left(\frac{p-d}{p}\right)t_2$$

$$S=(p-d)(t_3-t_2)=d(t-t_3)$$

即

$$t_3=\left(\frac{d}{p}\right)t+\left(1-\frac{d}{p}\right)t_2\ \text{或}\ t_3-t_2=\frac{d}{p}(t-t_2)$$

存储周期费用的公式如下。

存储费为 $\frac{1}{2}(p-d)(t_3-t_2)(t-t_2)h$。

将 $t_3-t_2=\frac{d}{p}(t-t_2)$ 代入表达式消去 t_3，存储费为 $\left(\frac{dh}{2}\right)\left(\frac{p-d}{p}\right)(t-t_2)^2$。

缺货费用为 $\frac{1}{2}dbt_1t_2$。

将 $t_1=\left(\frac{p-d}{p}\right)t_2$ 代入表达式消去 t_1，缺货费用为 $\left(\frac{db}{2}\right)\left(\frac{p-d}{p}\right)t_2^2$。

固定费用为 a。

存储周期的平均费用率

$$C(t,t_2)=\frac{1}{t}\left[\left(\frac{dh}{2}\right)\left(\frac{p-d}{p}\right)(t-t_2)^2+\left(\frac{db}{2}\right)\left(\frac{p-d}{p}\right)t_2^2+a\right]$$
$$=\left(\frac{d}{2}\right)\left(\frac{p-d}{p}\right)\left[ht-2ht_2+(h+b)\left(\frac{t_2^2}{t}\right)\right]+\frac{a}{t}$$

令

$$\frac{\partial C(t,t_2)}{\partial t}=\left(\frac{d}{2}\right)\left(\frac{p-d}{p}\right)\left[h-(h+b)\left(\frac{t_2^2}{t^2}\right)\right]-\frac{a}{t^2}=0$$

$$\frac{\partial C(t,t_2)}{\partial t_2}=\left(\frac{d}{2}\right)\left(\frac{p-d}{p}\right)\left[-2h+2(h+b)\left(\frac{t_2}{t}\right)\right]=0$$

求解可得

$$t=\sqrt{\frac{2ap(h+b)}{dhb(p-d)}}$$

$$t_2=\sqrt{\frac{2aph}{(h+b)(p-d)db}}$$

相应有

$$Q=\sqrt{\frac{2adp(h+b)}{hb(p-d)}} \tag{8.30}$$

$$S=\sqrt{\frac{2adb(p-d)}{hp(h+b)}} \tag{8.31}$$

$$B=\sqrt{\frac{2adh(p-d)}{bp(h+b)}} \tag{8.32}$$

例 8-3-2　若例 8-3-1 的限制条件发生变化，允许缺货，单位缺货的月费用为 1.6 元，其他条件不变。试求经济生产批量、最大的存储量和最大的缺货量。

解:求题设已知 $d=100,p=500,a=5,h=0.4,b=1.6$,根据公式得

$$Q=\sqrt{\frac{2adp(h+b)}{hb(p-d)}}=\sqrt{\frac{2\times5\times100\times500\times(0.4+1.6)}{0.4\times1.6\times(500-100)}}\approx63(件)$$

$$S=\sqrt{\frac{2adb(p-d)}{hp(h+b)}}=\sqrt{\frac{2\times5\times100\times1.6\times(500-100)}{0.4\times500\times(0.4+1.6)}}\approx40(件)$$

$$B=\sqrt{\frac{2adh(p-d)}{bp(h+b)}}=\sqrt{\frac{2\times5\times0.4\times100\times(500-100)}{1.6\times500\times(0.4+1.6)}}\approx10(件)$$

经济生产批量约为 63 件,最大存储量约为 40 件,而最大缺货量约为 10 件。

任务四 存储论的软件求解

运行"Inventory Theory and System",菜单栏上选择"File"的"New",进入如图8-4-1所示对话框。对话框中列出了本程序可以求解的问题类型,根据所学内容,将应用两种类型,即"EOQ 模型"(经济订货批量)、"经济生产批量存储模型"。以 EOQ 模型为例进行说明。

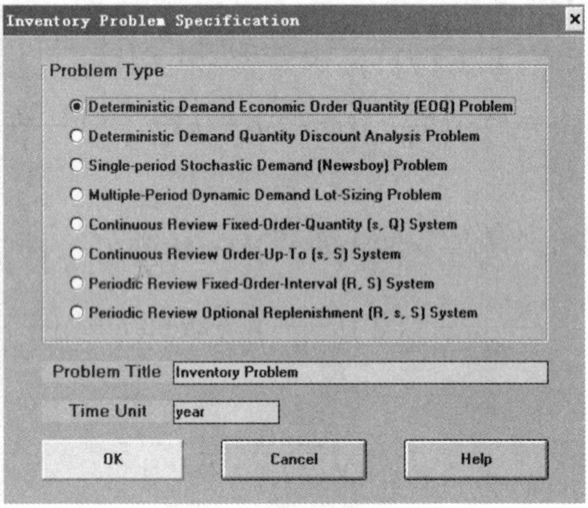

图 8-4-1

例 8-4-1 某产品中有一外购件,年需求量为 10 000 件,单件为 100 元。由于该件可在市场采购,故订货提前期为零,并设不允许缺货。已知每组织一次采购需 2 000 元,每件每年的存储费为该件单价的 20%,试求经济订货批量及每年最小的存储加上采购的总费用。

在图 8-4-1 中点选第一个,即 EOQ 模型,并填入 Problem Title,Time Unit,点击"OK",进入如图 8-4-2 所示界面,并依据例题填入参数,需求量=10 000,订货费用=2 000 元,单位存储费用 20 元/件(=100×0.2)等。填入后运行,得到图 8-4-3 所示结果,结果显示最佳订货批量为 1 414 件,总的订货费用为 14 142.13 元,总存储费用 14

142.14 元，总的费用为28 284.27 元。

DATA ITEM	ENTRY
Demand per year	10000
Order or setup cost per order	2000
Unit holding cost per year	20
Unit shortage cost per year	M
Unit shortage cost independent of time	
Replenishment or production rate per year	M
Lead time for a new order in year	
Unit acquisition cost without discount	
Number of discount breaks (quantities)	
Order quantity if you known	

图 8-4-2

01-02-2003	Input Data	Value	Economic Order Analysis	Value
1	Demand per year	10000	Order quantity	1414.214
2	Order (setup) cost	¥ 2,000.00	Maximum inventory	1414.214
3	Unit holding cost per year	¥ 20.00	Maximum backorder	0
4	Unit shortage cost		Order interval in year	0.1414
5	per year	M	Reorder point	0
6	Unit shortage cost			
7	independent of time	0	Total setup or ordering cost	¥ 14,142.13
8	Replenishment/production		Total holding cost	¥ 14,142.14
9	rate per year	M	Total shortage cost	0
10	Lead time in year	0	Subtotal of above	¥ 28,284.27
11	Unit acquisition cost	0		
12			Total material cost	0
13				
14			Grand total cost	¥ 28,284.27

图 8-4-3

任务五　存储论的应用案例

5.1　不允许缺货经济订货批量模型

例 8-5-1　为了报刊发行的需要，报社必须关心适时补充新闻纸的库存。假设这种新闻纸以“卷”为单位进货，印刷需求的速度是每周 32 卷。补充费用(包括簿记费、交易费和经销费等)是每次 25 元。纸张的存贮费(包括租用库存费、保险费和占用资金的利息等)是每卷每周 1 元。试求这家报社这种新闻纸的经济采购批量和补充的时间间隔。

已知：$d=32,a=25,h=1$。

求：Q_0 和 T。

解：利用式(8.3)有

$$Q_0=\sqrt{\frac{2ad}{h}}=\sqrt{\frac{2\times25\times32}{1}}=40(\text{卷})$$

利用式(8.4)有

$$T=\sqrt{\frac{2a}{dh}}=\sqrt{\frac{2\times25}{32\times1}}=1.25(周)$$

这家报社新闻纸的经济采购批量为 40 卷,采购的间隔时间为 1.25 周。

例 8-5-2 某轧钢厂计划每月生产角钢 5 000 吨,每吨每月的存贮费用为 4 元。每组织一批生产,需要 2 500 元的固定费用。

解:若该厂每月生产角钢一批,批量为 5 000 吨,那么全年费用为

$$12\times\left(2\,500+4\times\frac{5\,000}{2}\right)=150\,000(元/年)$$

若按经济批量模型计算经济生产批量有

$$Q_0=\sqrt{\frac{2ad}{h}}=\sqrt{\frac{2\times2\,500\times5\,000}{4}}=2\,500(吨)$$

每月生产的批数 $n_0=\dfrac{d}{Q_0}=\dfrac{5\,000}{2\,500}=2(批)$

利用式(8.5)计算全年费用为

$$12\times\sqrt{2\times2\,500\times5\,000\times4}=120\,000(元/年)$$

二者比较,按经济批量模型组织生产每年可节约 3 万元的费用。

5.2　允许缺货的经济批量模型

例 8-5-3 例 8-5-1 的其他条件不变,只将不允许缺货改为允许缺货,而且令单位缺货在一周里的损失为 3 元,试求此时的经济采购批量、最大的存贮量和采购间隔期。

已知: $d=32,a=25,h=1,b=3$。

求: Q 和 S。

解:利用式(8.7)有

$$Q=\sqrt{\frac{2ad}{h}\left(\frac{h+b}{b}\right)}=\sqrt{\frac{2\times25\times32}{1}\times\left(\frac{1+3}{3}\right)}\approx46(卷)$$

利用式(8.8)有

$$S=\sqrt{\frac{2ad}{h}\left(\frac{b}{h+b}\right)}=\sqrt{\frac{2\times25\times32}{1}\times\left(\frac{3}{1+3}\right)}\approx35(卷)$$

利用式(8.10)有

$$T=\frac{Q}{d}=\sqrt{\frac{2a}{dh}\left(\frac{h+b}{b}\right)}=\sqrt{\frac{2\times25}{32\times1}\times\left(\frac{1+3}{3}\right)}\approx1.44(周)$$

此时的经济采购批量约为 46 卷,最大的库存量约为 35 卷,采购间隔期约为 1.44 周。

5.3　不允许缺货的经济生产批量模型

例 8-5-4 某厂每月生产需要甲零件 100 件,该厂自己组织该零件的生产,生产速度为每月 500 件,每批生产的固定费用为 5 元,每月每件产品存贮费为 0.4 元,求经济生产批量、最低费用率以及生产间隔期。

已知：$d=100, p=500, a=5, h=0.4$。

求：Q、C 和 T。

解：$Q=\sqrt{\dfrac{2ad}{h}\left(\dfrac{p}{p-d}\right)}=\sqrt{\dfrac{2\times5\times100}{0.4}\times\left(\dfrac{500}{500-100}\right)}\approx56$（件）

$C=\sqrt{2adh\left(\dfrac{p-d}{p}\right)}=\sqrt{2\times5\times100\times0.4\times\left(\dfrac{500-100}{500}\right)}\approx18$（元）

$T=\dfrac{Q}{d}=\dfrac{56}{100}$（月）$\approx17$（天）

每批生产批量约为 56 件，每月生产所需最低固定费用及存贮费用约为 18 元，生产间隔期约为 17 天。

5.4　允许缺货的经济生产批量模型

例 8-5-5　若例 8-5-4 的限制条件发生变化，允许缺货，单位缺货的月费用为 1.6 元，其他条件不变。试求经济生产批量、最大的存贮量和最大的缺货量。

已知：$d=100, p=500, a=5, h=0.4, b=1.6$。

求：Q、S 和 B。

解：$Q=\sqrt{\dfrac{2adp(h+b)}{hb(p-d)}}=\sqrt{\dfrac{2\times5\times100\times500\times(0.4+1.6)}{0.4\times1.6\times(500-100)}}\approx63$（件）

$S=\sqrt{\dfrac{2adb(p-d)}{hp(h+b)}}=\sqrt{\dfrac{2\times5\times100\times1.6\times(500-100)}{0.4\times500\times(0.4+1.6)}}\approx40$（件）

$B=\sqrt{\dfrac{2adh(p-d)}{bp(h+b)}}=\sqrt{\dfrac{2\times5\times0.4\times100\times(500-100)}{1.6\times500\times(0.4+1.6)}}\approx10$（件）

经济生产批量约为 63 件，最大存贮量约为 40 件，而最大缺货量约为 10 件。

任务六　存储论的应用练习

1. 请建立最简单的单阶段存贮模型，推导出经济批量公式，要求说明模型成立的假设条件，所用字母的经济意义，并要有一定的推理过程。

2. 若某工厂每年对某种零件的需要量为 10 000 件，订货的固定费用为 2 000 元，采购一个零件的单价为 100 元，保管费为每年每个零件 20 元，求最优订购批量。

3. 某厂对某种材料的全年需要量为 1 040 吨，其单价为 1 200 元/吨。每次采购该种材料的订货费为 2 040 元，每年保管费为 170 元/吨。试求工厂对该材料的最优订货批量、每年订货次数。

4. 某货物每周的需要量为 2 000 件，每次订货的固定费用为 15 元，每件产品每周保管费为 0.30 元，求最优订货批量及订货时间。

5. 加工制作羽绒服的某厂预测下一年度的销售量为 15 000 件，准备在全年的 300 个工作日内均衡组织生产。假如为加工制作一件羽绒服所需的各种原材料成本为 48 元，制作一件羽绒服所需原料的年存贮费为其成本的22%,提出一次订货所需费用为250元,订货提前期为零,不允许缺货,试求经济订货批量。

6. 一条生产线如果全部用于某种型号产品生产时,其年生产能力为600 000台。据预测对该型号产品的年需求量为260 000台,并在全年内需求基本保持平衡,因此该生产线将用于多品种的轮番生产。已知在生产线上更换一种产品时,需准备结束费1 350元,该产品每台成本为45元,年存贮费用为产品成本的24%,不允许发生供应短缺,求使费用最小的该产品的生产批量。

7. 某生产线单独生产一种产品时的能力为8 000件/年,但对该产品的需求仅为2 000件/年,故在生产线上组织多品种轮番生产。已知该产品的存贮费为60元/(年·件),不允许缺货,更换生产品种时,需准备结束费300元。目前该生产线上每季度安排生产该产品500件,问这样安排是否经济合理。如不合理,提出你的建议,并计算你建议实施后可能带来的效益。

8. 某电子设备厂对一种元件的需求为$R=2 000$件/年,订货提前期为零,每次订货费为25元。该元件每件成本为50元,年存储费为成本的20%。如发生缺货,可在下批货到达时补上,但缺货损失费为每件每年30元。求:

(1) 经济订货批量及全年的总费用;

(2)如不允许发生缺货,重新求经济订货批量,并同(1)的结果进行比较。

9. 某出租汽车公司拥有2 500辆出租车,均由一个统一的维修厂进行维修。维修中某个部件的月需量为8套,每套价格8 500元。已知每提出一次订货需订货费1 200元,年存贮费为每套价格的30%,订货提前期为2周。又每台出租车如因该部件损坏后不能及时更换每停止出车一周,损失为400元,试决定该公司维修厂订购该种部件的最优策略。

实训六　存储论

一、实训项目

存储论

二、实训目的

(1) 能正确应用确定型经济订货批量模型解决现实问题;
(2) 能正确应用不确定型经济订货批量模型解决现实问题。

三、实训形式与程序

课堂练习加上机操作

四、实训学时

2个学时

五、实训内容

1. 列举存储系统中主要包括哪些费用及每项费用的含义。

2. 某电脑公司每年需要电脑配件 5 000 件，不允许缺货，每件价格为 30 元，每次订购费用 200 元，年度库存费用为库存物资金额的 10％，试分析研究下列问题：

（1）该公司的最佳订购批量及最小平均总费用为多少？

（2）如果允许缺货，且设缺货费为 2 元/（件·年），则最大缺货量和最小平均费用为多少？

3. 某电器公司因产品的生产需求，需要某种专门的部件，该部件依靠外购订货，为此该公司根据以往的经验知道：批量订货的订货费为 1 200 元/件，部件的单位成本价为 10 元/件，单位存储费用为 0.3 元/（件·月），缺货损失费为 1.1 元/（件·月），要研究的问题是：

（1）该公司应该如何安排这些专门部件的订货时间与订货规模，使得总费用最少。

（2）如果已知今年对这种专门部件每月的需求量为 800 件，试分析今年该公司的最佳订货存储策略和所需总费用。

（3）如果已知明年对该专门部件的需求量提高一倍，则该部件的订货批量应为多少？比今年增加多少？订货次数又为多少？

4. 某机加工车间计划加工一种零件，这种零件需要先在车床上加工，每月可加工 500 件，然后在铣床加工连续生产。试求车床加工的最优生产计划（不计生产成本），如果每次的生产准备费为 50 元，又该如何安排车床加工的生产计划？

项目九 排队论

知识目标	(1) 能正确描述排队论的基本概念；
	(2) 能正确地理解顾客到达数及服务时间的理论分布；
	(3) 能正确描述单服务台($M/M/1$)排队模型；
	(4) 能正确描述多服务台($M/M/c$)排队模型。
技能目标	(1) 熟练掌握平均队长、平均排队长、平均逗留时间、平均等待时间等指标的概念；
	(2) 熟练掌握排队中的符号表示的含义；
	(3) 掌握单服务台($M/M/1$)排队模型的计算及应用；
	(4) 掌握多服务台($M/M/C$)排队模型的计算及应用。

6 学时

排队论(queuing theory)，又称随机服务系统理论(random service system theory)，是一门研究拥挤现象(排队、等待)的科学。具体地说，它是在研究各种排队系统概率规律性的基础上，解决相应排队系统的最优设计和最优控制问题。

任务一 排队论的基本概念

1.1 排队系统

1.1.1 排队

排队是日常生活和经济领域中常见的现象。例如，顾客在邮局、银行排队办理业务，病人在医院排队就医，工厂中等待维修的机床，港口内等候卸货或进港的轮船，机场内等候起飞或降落的飞机等等,这都是有形的排队现象;打电话时占线也需要等待,这是无形的排队现象。

排队是怎样产生的?

排队问题表现如表9-1-1所示:

表 **9-1-1**

到达的顾客	要求的服务	服务机构
不能运转机器	修理	修理工人
病人	就诊	医生
打电话	通话	交换台
等待降落飞机	降落	跑道指挥机构
河水进入水库	放水、调整水位	水闸管理员

排队可以是人,也可以是物。

为了一致,将要求得到服务的对象统称为"顾客",将提供服务的服务者称为"服务员"或"服务机构"。顾客得到某种服务,如果在某个时刻,顾客超过了服务机构所能提供的服务数量,就产生了排队现象。

1.1.2　排队系统

为了获得某种服务而到达的顾客,如不能立即得到服务而又允许排队等候,则加入等待的队伍,获得服务后离开,我们把包含这些特征的系统称为排队系统。排队系统的模型有单服务台排队系统(见图9-1-1),s个服务台、一个队列的排队系统(见图9-1-2),s个服务台、s个队列的排队系统(见图9-1-3),多个服务台的串联排队系统(见图9-1-4)。

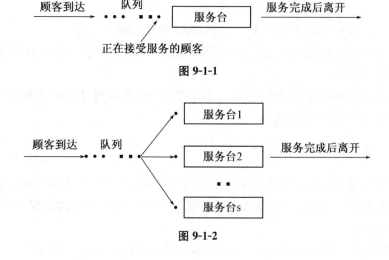

图 **9-1-1**

图 **9-1-2**

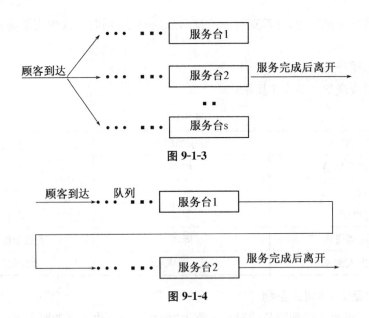

图 9-1-3

图 9-1-4

一般的排队系统,都可用图 9-1-5 排队系统的模型加以描述。

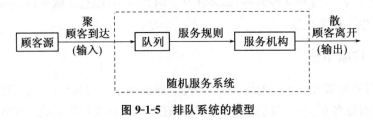

图 9-1-5 排队系统的模型

1.2 排队系统的组成

排队系统主要有三部分组成:输入过程、排队规则和服务机构。

各个顾客由顾客源(总体)出发,到达服务机构(服务台,服务员)前排队等候接受服务,服务完成后离开。

排队结构指队列的数目和排列方式,排队规则和服务规则是说明顾客在排队系统中按怎样的规则、次序接受服务的。

1.2.1 输入过程

输入过程是描述顾客是按照怎样的规律到达排队系统的。输入即指顾客到达排队系统。输入过程是指要求服务的顾客是按怎样的规律到达排队系统的过程,有时也把它称为顾客流。具体包括:

(1)顾客总体。顾客的总体数,又称顾客源、输入源,是指顾客的来源。顾客的来源是有限的,也有无限的。例如,到售票处购票的顾客总数可以认为是无限的,而某个工厂因故障待修的机床则是有限的。当顾客的数量足够大时,可以近似为无穷大。

(2)到达的类型。这是描述顾客是怎样来到系统的,顾客到达是单个到达还是成批到达。病人到医院看病是顾客单个到达的例子。在库存问题中,如将生产器材进货或产品入库看作是顾客,那么这种顾客则是成批到达的。

（3）顾客流的概率分布或相继顾客到达的时间间隔,这可能是确定的,也可能是随机的。通常假定是相互独立同分布,有的是等间隔到达,有的是服从负指数分布。

1.2.2　排队规则

排队规则指顾客按怎样的规定的次序接受服务,常见的有等待制、损失制、混合制、闭合制。

1. 等待制

当一个顾客到达时所有服务台都不空闲,则此顾客排队等待直到得到服务后离开,称为等待制。

在等待制中,服务员可以采用以下规则进行服务:

（1）先到先服务（FCFS）,如排队买票。

（2）后到先服务（LCFS）,如天气预报。

（3）随机服务（RS）,如电话服务。

（4）优先权的服务（PS）,如危重病人可优先看病。

本项目除非另有说明,只讨论先到先服务的情形。

2. 损失制

这是指如果顾客到达排队系统时,所有服务台都已被先来的顾客占用,那么他们就自动离开系统永不再来。典型的例子有:电话拨号后出现忙音,顾客不愿等待而自动挂断电话,如要再打,就需重新拨号,这种服务规则即为损失制。

3. 混合制

这是等待制与损失制相结合的一种服务规则,一般是指允许排队,但又不允许队列无限长下去。具体有下列三种情形:

（1）队长有限。当排队等待服务的顾客人数超过规定数量时,后来的顾客就自动离去,另求服务,即系统的等待空间是有限的。例如,最多只能客纳 K 个顾客在系统中,当新顾客到达时,若系统中的顾客数（又称为队长）小于 K,则可进入系统排队或接受服务;否则,便离开系统,并不再回来。比如水库的库客是有限的,旅馆的床位是有限的。

（2）等待时间有限。即顾客在系统中的等待时间不超过某一给定的长度 T,当等待时间超过 T 时,顾客将自动离去,并不再回来。如易损坏的电子元器件的库存问题,超过一定存储时间的元器件将被自动认为失效。又如顾客到饭馆就餐,等了一定时间后不愿再等而自动离去另找饭店用餐。

（3）逗留时间有限。顾客从进入服务系统到接受完服务离开这段时间称为逗留时间,顾客在系统中的逗留时间不能超过某个数,否则自动离去。

顾客排队等侯的人数是有限长的,称为混合制。队长有限制,如医院门诊一天的挂号有限;等待时间有限制,如赶火车的旅客到商店买东西,等待的时间不能太长;逗留时间有限制,如用高射炮射击敌机,当敌机飞越高射炮射击有效区域的时间为 t 时,若在这个时间内未被击落,也就不可能再被击落了。

4. 闭合制

当顾客对象和服务对象相同且固定时是闭合制,如几名维修工人固定维修某个工厂的机器。

1.2.3 服务机构

服务机构主要包括服务台的数量及构成形式、服务方式及服务时间的分布。

1. 服务台的数量及构成形式

服务台的数量有单个的或多个的。

2. 服务方式

这是指在某一时刻接受服务的顾客数,它有单个服务和成批服务两种。公共汽车一次可以装载一批乘客,就属于成批服务。

3. 服务时间的分布

服务时间可分为确定型和随机型。一般来说,在多数情况下,对每一个顾客的服务时间是一随机变量,其概率分布有定长分布、负指数分布、K 级爱尔良分布、一般分布(所有顾客的服务时间都是独立同分布的)等等。服务时间的分布通常假定是平稳的。

1.3 排队系统的数量指标

1.3.1 队长与等待队长

队长(通常记为 L_s)是指系统中的平均顾客数(包括正在接受服务的顾客)。

等待队长(通常记为 L_q)或排队长是指系统中处于等待的顾客的数量。

显然,队长等于等待队长加上正在服务的顾客数。

一般情形,L_s 或 L_q 越大,服务率越低,排队成龙,这是顾客最不愿看到的情景。

1.3.2 等待时间

等待时间包括平均等待时间(通常记为 W_q)和平均逗留时间(通常记为 W_s)。

顾客的平均等待时间是指顾客进入系统到接受服务这段时间。顾客的平均逗留时间是指顾客进入系统到离开系统这段时间,包括等待时间和接受服务的时间。

1.3.3 忙期

从顾客到达空闲的系统,服务立即开始,直到再次变为空闲,这段时间是系统连续繁忙的时期,称之为系统的忙期。它反映了系统中服务机构的工作强度,是衡量服务系统利用效率的指标,即

$$服务强度 = \frac{忙期}{服务总时间} = 1 - \frac{闲期}{服务总时间}$$

闲期与忙期对应的系统的空闲时间,也就是系统连续保持空闲的时间长度。

1.4　最简单流与负指数分布

1.4.1　最简单流

顾客的到达过程是一个随机事件流，称为顾客达到流。例如，收费站的车辆流、电话局的呼唤流、车站的乘客流等。

顾客达到流一般可视为一个最简单流，亦称泊松流。最简单流的条件如下：

（1）平稳性。到达 k 个顾客的概率仅与时间段的长度 t 有关，与时间段的起始时刻无关。

（2）无后效性。在不相交的各时间段内达到的顾客数相互独立。

（3）普通性。在足够小的时间段内只能有一个顾客到达，有 2 个或 2 个以上顾客同时到达的概率为 0。

（4）有限性。在任意有限时间区域内只可能有有限个顾客到达，不可能有无穷多个顾客到达。

顾客到达最简单流的性质：在时间段 t 内到达的顾客数服从参数为 λt 的泊松分布，即在时间段 t 内到达 k 个顾客的概率为

$$v_k(t) = e^{-\lambda} \frac{(\lambda t)^k}{k!} \quad (k = 0, 1, 2, \cdots)$$

式中，λ 为单位时间内平均达到的顾客数，即顾客平均到达率。

例 9-1-1　某地铁站的乘客流是最简单流，平均每小时有 120 人乘车。试计算 1 分钟内没有乘客乘车的概率及 1 分钟内总有乘客乘车的概率。

解：$\lambda = \frac{120}{60} = 2$ 人/分钟，$t = 1$，$\lambda t = 2$，1 分钟内没有乘客乘车的概率：

$$p_0(t) = e^{-2} \frac{2^0}{0!} = 0.135$$

1 分钟内总有乘客乘车的概率：$1 - p_0(t) = 0.865$。

1.4.2　负指数分布

随机变量 T 的概率密度若是：$f_{(t)} = \begin{cases} \lambda e^{-et} & (t \geqslant 0) \\ 0 & (t < 0) \end{cases}$

则称 T 服从负指数分布。一般地，服务时间服从负指数分布。

1.4.3　排队模型的分类

一个排队系统由 6 个特征所确定：输入过程、服务时间分布、服务台个数、系统容量、顾客源数量、排队规则。可以简化为符号：$X/Y/Z/A/B/C$。

X：相继到达间隔时间的分布。

Y：服务时间的分布。

Z：并列的服务台的数目。

A：系统容量限制。

B：顾客源数目。

C：服务规则。

某些情况下，排队问题仅用上述表达形式中的前3个、4个、5个符号。如不特别说明则均理解为系统等待空间容量无限；顾客源无限，先到先服务，单个服务的等待制系统。如略去后三项，即指 $X/Y/Z/\infty/\infty/FCFS$ 的情形。常用的表示相继到达间隔时间和服务时间的各种分布如下：M 为负指数分布（具有 Markov 性）；D 为定常分布；Ek 为 k 阶 Erlang 分布。

例9-1-2 $M/M/1$，表示顾客相继到达的间隔时间为负指数分布、服务时间为负指数分布、单服务台的模型。

例9-1-3 某排队问题为 $M/M/S/\infty/\infty/FCFS/$，则表示顾客到达间隔时间为负指数分布（泊松流），服务时间为负指数分布，有 $s(s>1)$ 个服务台，系统等待空间容量无限（等待制），顾客源无限，采用先到先服务规则。

例9-1-4 $M/M/C/\infty$ 表示输入过程是负指数分布，服务时间服从负指数分布，系统有 C 个服务台平行服务（$0<c\leqslant\infty$），系统容量为无穷大。

任务二　单服务台排队系统

2.1　$M/M/1$ 模型（$M/M/1/\infty/\infty/FCFS$）

标准的 $M/M/1$ 模型是指适合下列条件的排队系统。

（1）输入过程：顾客源是无限的，顾客的到达是强度为 λ 的泊松流；

（2）排队规则：单队，队长无限制，先到先服务；

（3）服务机构：单个服务台，各顾客的服务时间是相互独立的，服从相同的负指数分布，参数为 μ；

（4）顾客到达的时间间隔与服务时间是相互独立的。

t 时刻，队长 $N(t)$ 的分布见表 9-2-1。

表 9-2-1

$N(t)$	0	1	$\cdots n\cdots$
$P(t)$	$P_0(t)$	$P_1(t)$	$\cdots P_n(t)\cdots$

求 $P_n(t)$ 的表达式，先求 $P_n(t+\Delta t)$，

$\{N(t+\Delta t)=n\}$

$=\{N(t)=n\}\bigcap\{(t+\Delta t)\text{内没有顾客到达}\}\bigcap\{(t+\Delta t)\text{内没有顾客离去}\}$

$\bigcup\{N(t)=n+1\}\bigcap\{(t+\Delta t)\text{内没有顾客到达}\}\bigcap\{(t+\Delta t)\text{内有一个顾客离去}\}$

$\bigcup\{N(t)=n-1\}\bigcap\{(t+\Delta t)\text{内到达了一个顾客}\}\bigcap\{(t+\Delta t)\text{内没有顾客离去}\}$

$\cup\{(t+\Delta t)$内至少有一个顾客到达$\}\cap\{(t+\Delta t)$内至少有一个顾客离去$\}$

$\cap\{N(t+\Delta t)=n\}$

$=A\cup B\cup C\cup D$

由于输入是强度为λ的泊松流,有

$$P([t,t+\Delta t)$$内到达1个顾客$)=\lambda\Delta t+o(t)$

$$P([t,t+\Delta t)$$内没有顾客到达$)=1-\lambda\Delta t+o(\Delta t)$

由服务时间是参数为μ的负指数分布,有

$$P([t,t+\Delta t)$$内有1个顾客离去$)=\mu\Delta t+o(\Delta t)$

$$P([t,t+\Delta t)$$内没有顾客离去$)=1-\mu\Delta t+o(\Delta t)$

$P([t,t+\Delta t)$内至少有一个顾客到来$)P([t,t+\Delta t)$内至少有1个顾客离去$)=o(\Delta t)$

所以 $P(N(t+\Delta t)=n)$

$=P(A)+P(B)+P(C)+P(D)$

$=P_n(t)(1-\lambda\Delta t+o(\Delta t))(1-\mu\Delta t+o(\Delta t))+$

$\quad P_{n+1}(t)(1-\lambda\Delta t+o(\Delta t))(\mu\Delta t+o(\Delta t))+$

$\quad P_{n-1}(t)(\lambda\Delta t+o(\Delta t))(1-\mu\Delta t+o(\Delta t))+P_n(t+\Delta t)o(\Delta t)$

$=P_n(t)(1-\lambda\Delta t-\mu\Delta t)+P_{n+1}(t)\mu\Delta t+P_{n-1}(t)\lambda\Delta t+o(\Delta t)$

$$\frac{P_n(t+\Delta t)-P_n(t)}{\Delta t}=\lambda P_{n-1}(t)+\mu P_{n+1}(t)-(\lambda+\mu)P_n(t)+\frac{o(\Delta t)}{\Delta t}$$

令 $\Delta t\to0$,得微分方程

$$\frac{\mathrm{d}P_n(t)}{\mathrm{d}t}=\lambda P_{n-1}(t)+\mu P_{n+1}(t)-(\lambda+\mu)P_n(t)\quad(n=1,2,\cdots)$$

当 $n=0$ 时,情况 C 不会出现,即

$$\frac{\mathrm{d}P_0(t)}{\mathrm{d}t}=-\lambda P_0(t)+\mu P_1(t)$$

当系统稳定时,$N(t)=N,P_n(t)=P(N(t)=N)=P(N=n)$ 与 t 无关,因此

$$P_n'(t)=P_n'=0$$

由以上得

$$\begin{cases}\lambda P_0=\mu P_1\\\lambda P_{n-1}+\mu P_{n+1}-(\lambda+\mu)P_n=0\quad(n\geqslant1)\end{cases}$$

示意图参见图 9-2-1。

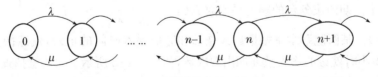

图 9-2-1

当 $\rho=\dfrac{\lambda}{\mu}<1$ 时,解上方程组可得

$$\begin{cases} P_0=1-\rho & (\rho<1) \\ P_n=(1-\rho)\rho^n & (n\geqslant1) \end{cases}$$

由上式可求得系统的平均队长 L_s、平均队列长 L_q。

$$L_s=E(N)=\sum_{n=0}^{\infty}nP_n=\sum_{n=1}^{\infty}n(1-\rho)\rho^n=\frac{\lambda}{\mu-\lambda}$$

$$L_q=\sum_{n=1}^{\infty}(n-1)P_n=\frac{\rho\lambda}{\mu-\lambda}$$

一个顾客在系统中逗留的时间 w 是参数为 $\mu-\lambda$ 的负指数分布,即

分布函数: $\qquad F(w)=1-\mathrm{e}^{-(\mu-\lambda)w} \quad (w\geqslant0)$

密度函数: $\qquad f(w)=(\mu-\lambda)\mathrm{e}^{-(\mu-\lambda)w} \quad (w\geqslant0)$

一个顾客在系统中逗留的时间和等待时间的期望值分别为

$$W_s=E[W]=\frac{1}{\mu-\lambda}$$

$$W_q=W_s-\frac{1}{\mu}=\frac{\rho}{\mu-\lambda}$$

$$L_s=\frac{\lambda}{\mu-\lambda}, \quad L_q=\frac{\rho\lambda}{\mu-\lambda}, \quad W_s=\frac{1}{\mu-\lambda}, \quad W_q=\frac{\rho}{\mu-\lambda}$$

$$L_s=\lambda W_s, \quad L_q=\lambda W_q, \quad W_s=W_q+\frac{1}{\mu}, \quad L_s=L_q+\frac{\lambda}{\mu}$$

定理 在 $M/M/1$ 系统中,设 $\rho<1$,当系统达到平衡状态后,长度为 d 的时间区间内(d 相当大):

(1) 忙期的总长度及平均个数分别为:$d_忙=\rho d$,$Z(d_忙)=\lambda d(1-\rho)$(见图 9-2-2);

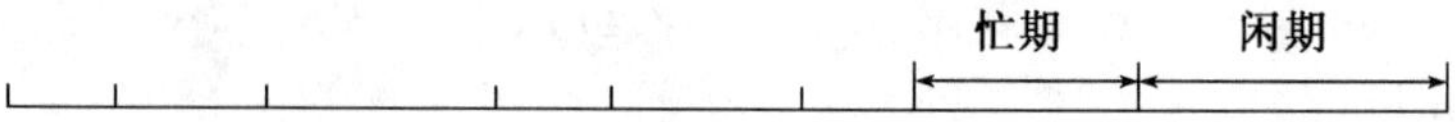

图 9-2-2

(2) 单个忙期的平均长度 $E(T_忙)=\dfrac{1}{\mu-\lambda}$;

(3) 单个忙期内服务台的顾客平均数 $N(T_忙)=\dfrac{\mu}{\mu-\lambda}$。

例 9-2-1 某医院手术室根据病人来诊和完成手术时间的记录,任意抽查了 100 个工作小时,每小时就诊的病人数 n 的出现次数,如表 9-2-2 所示。又任意抽查了 100 个完成手术的病历,所用时间 v(小时)出现的次数,如表 9-2-3 所示。

表 9-2-2

到达的病人数 n	出现次数 f_n
0	10
1	28
2	29
3	16
4	10
5	6
6 以上	1
合　计	100

表 9-2-3

为病人完成手术时间 v(小时)	出现时间 f_v
0.0~0.2	38
0.2~0.4	25
0.4~0.6	17
0.6~0.8	9
0.8~1.0	6
1.0~1.2	5
1.2 以上	0
合　计	100

(1) 每小时病人平均到达率 $= \dfrac{\sum nf_n}{100} = 2.1$(人/小时)

每次手术平均时间 $= \dfrac{\sum Uf_v}{100} = 0.4$(小时/人)

每小时完成手术人数(平均服务率) $= \dfrac{1}{0.4} = 2.5$(人/小时)

(2) 取 $\lambda = 2.1, \mu = 2.5$,通过统计检验可以认为病人到达是参数为 2.1 的泊松流,手术时间 v 服从参数为 2.5 的负指数分布。

(3) $\rho = \dfrac{\lambda}{\mu} = \lambda \dfrac{1}{\mu} = $[单位时间内到达的顾客平均数]$\times$[一个顾客需要的平均时间]

$\qquad = $[单位时间内手术室平均忙的时间]$= 0.84$

即手术室有 84% 的时间在忙,16% 的时间在闲。

(4) 各种指标的计算如下:

病房中病人数的期望值 $L_s = \dfrac{\lambda}{\mu - \lambda} = \dfrac{2.1}{2.5 - 2.1} = 5.25$(人)

排队等待病人数的期望值 $L_q = \rho L_s = 0.84 \times 5.25 = 4.41$(人)

病人在病房中逗留的平均时间 $W_s = \dfrac{L_s}{\lambda} = \dfrac{5.25}{2.1} = 2.5$(小时)

病人排队等待的平均时间 $W_q = \dfrac{L_q}{\lambda} = \dfrac{4.41}{2.1} = 2.1$(小时)

2.2　$M/M/1/N$ 模型($M/M/1/N/\infty/FCFS$)

如图 9-2-3 所示,讨论 $M/M/1/N$ 模型。

图 9-2-3

当 $N=1$ 时,为即时制的情形;当 $N=+\infty$ 时,即为上一节的情形。

在稳态情况下,系统中的顾客数 ξ 的分布列见表 9-2-4。

表 9-2-4

ξ	0	1	$\cdots$	n	$\cdots$	N
P	P_0	P_1	$\cdots$	P_n	$\cdots$	P_N

类似于 9.2.1 的讨论有以下方程组

$$\begin{cases} \lambda P_0 = \mu P_1 \\ \lambda P_{n-1} + \mu P_{n+1} = (\lambda + \mu) P_n \qquad (n \leqslant N-1) \\ \mu P_N = \lambda P_{N-1} \end{cases}$$

示意图参见图 9-2-4。

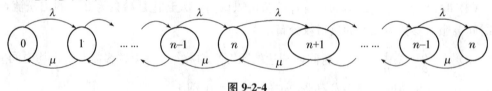

图 9-2-4

解这个方程组

$$\begin{cases} P_0 = \dfrac{1-\rho}{1-\rho^{N+1}} \qquad (\rho \neq 1) \\ P_n = \dfrac{1-\rho}{1-\rho^{N+1}} \qquad (n \leqslant N) \end{cases}$$

平均队长 $L_s = \displaystyle\sum_{n=0}^{N} nP_n = \dfrac{\rho}{1-\rho} - \dfrac{(N+1)\rho^{N+1}}{1-\rho^{N+1}}$ $(\rho \neq 1)$

平均队列长 $L_q = \displaystyle\sum_{n=1}^{N} (n-1)P_n = L_s - (1-P_0)$

一个顾客到达系统时能进入系统的概率 $= P(\xi < N) = 1 - P(\xi = N) = 1 - P_N$,

单位时间内到达系统能进入系统的顾客平均数 $= \lambda(1-P_N) = \lambda_e$,称为 **有效到达率**。

因此到达率为 λ 的排队系统 $M/M/1/N/\infty$ 相当于到达率为 λ_e 的 $M/M/1/\infty/\infty$。则由之前公式

$$L_s = \lambda W_s, \quad L_q = \lambda W_q, \quad W_s = W_q + \dfrac{1}{\mu}, \quad L_s = L_q + \dfrac{\lambda}{\mu}$$

有

$$W_s = \dfrac{L_s}{\lambda_e} = \dfrac{L_s}{\lambda(1-P_N)} = \dfrac{L_s}{\mu(1-P_0)} \quad (可证\ 1-P_0 = \lambda_e/\mu)$$

$$W_q = W_s - \frac{1}{\mu}$$

例 9-2-2　这是一个 $M/M/1/7/\infty$，$N=7$，$\lambda=3$ 人/时，$\mu=4$ 人/时，$\rho=\dfrac{\lambda}{\mu}=0.75$，

（1）求一个顾客一到达就能理发的概率，即求 P_0

$$P_0 = \frac{1-\rho}{1-\rho^{N+1}} = \frac{1-0.75}{1-0.75^8} = 0.277\,8$$

（2）求需要等待的顾客的期望值 L_q

$$L_s = \frac{\rho}{1-\rho} - \frac{(N+1)\rho^{N+1}}{1-\rho^{N+1}} = 2.11（人）$$

$$L_q = L_s - (1-P_0) = 2.11 - (1-0.277\,8) = 1.39（人）$$

（3）求有效到达率

$$\lambda_e = \mu(1-P_0) = 4 \times (1-0.277\,8) = 2.89（人/小时）$$

（4）求一个顾客在理发店内逗留的平均时间

$$W_s = \frac{L_s}{\lambda_e} = \frac{2.11}{2.89} = 0.73（小时）= 43.8（分钟）$$

（5）求一个顾客到达而不能进入系统的概率 P_7

$$P_7 = \rho^7 \frac{1-\rho}{1-\rho^8} = 0.75^7 \times \frac{1-0.75}{1-0.75^8} \approx 3.7\%，这是理发店的流失率。$$

表 9-2-5 是本例队长为有限和无限两种结果的比较：

表 9-2-5

$\lambda=3$ 人/小时 $\mu=4$ 人/小时	L_s	L_q	W_s	W_q	P_0	P_7
有限队长 $N=7$	2.11	1.39	0.73	0.48	0.278	3.7%
无限队长	3	2.25	1	0.75	0.25	0

任务三　多服务台排队系统

3.1　$M/M/C$ 模型（$M/M/C/\infty/\infty/FCFS$）

如图 9-3-1 所示，讨论 $M/M/C$ 模型。

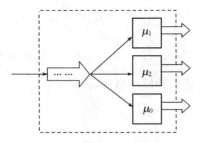

图 9-3-1

规定各服务台工作是相互独立且平均服务率相同 $\mu_1=\mu_2=\cdots=\mu_c=\mu$,设在平稳状态时,系统的顾客数为 ξ,ξ 的分布列见表 9-3-1。

表 9-3-1

ξ	0	1	$\cdots$	n
P	P_0	P_1	$\cdots$	P_n

同样讨论有(见图 9-3-2):

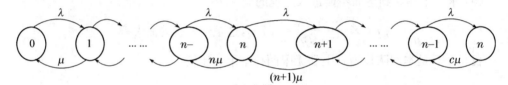

图 9-3-2

$$\begin{cases} \lambda P_0 = \mu P_1 \\ \lambda P_{n-1}+(n+1)\mu P_{n+1}=(\lambda+n\mu)P_n & (1\leqslant n\leqslant c) \\ c\mu P_{n+1}+\lambda P_{n-1}=(\lambda+c\mu)P_n & (n>c) \end{cases}$$

解这个方程组有:

$$\begin{cases} P_0 = \left[\sum_{k=0}^{c-1} \frac{1}{k!}\left(\frac{\lambda}{\mu}\right)^k \frac{1}{c!} \frac{1}{1-\rho}\left(\frac{\lambda}{\mu}\right)^c \right]^{-1} \\ P_n = \begin{cases} \dfrac{1}{n!}\left(\dfrac{\lambda}{\mu}\right)^n P_0 & (n\leqslant c) \\ \dfrac{1}{c!c^{n-c}}\left(\dfrac{\lambda}{\mu}\right)^n P_0 & (n>c) \end{cases} \end{cases}$$

系统的各项指标为:

$$\begin{cases} L_q = \sum_{n=c+1}^{\infty}(n-c)P_n = \dfrac{(c\rho)^c \rho}{c!(1-\rho)^2}P_0 \\ L_s = L_q + \dfrac{\lambda}{\mu} \\ W_s = \dfrac{L_s}{\lambda}, \quad W_q = \dfrac{L_q}{\lambda}, \quad \rho=\dfrac{\lambda}{c\mu} \end{cases}$$

该系统只有当 $\rho<1$ 时才能达到平稳状态,其参数和公式意义如下。

λ:单位时间内来到系统的顾客平均数;

$\dfrac{1}{\mu}$：一个顾客需要的平均服务时间；

$\dfrac{\lambda}{\mu}$：单位时间内到达系统的顾客所需的平均服务时间；

c：单位时间内，系统能提供的服务台数；

$\dfrac{\lambda}{\mu}>c$（即 $\rho>1$）：需求＞供给，队越排越长，所以系统达不到平稳；

$\dfrac{\lambda}{\mu}<c$（即 $\rho<1$）：需求＜供给，队不会越排越长，所以系统能达到平稳；

$\bar{c}$：正在忙的服务员的平均，$\bar{c}=0P_0+1P_1+2P_2+\cdots+(c-1)P_{c-1}+cP(\xi\geqslant c)=\dfrac{\lambda}{\mu}$，可

用 $\dfrac{\bar{c}}{c}=\dfrac{\lambda}{c\mu}=\rho$ 衡量服务员的劳动强度；

W_g：一个顾客的平均等待时间；

当 $W_g\gg\dfrac{1}{\mu}$，顾客将很不满意，应提高服务率或增加服务员以减少顾客的等待时间；

当 $W_g\ll\dfrac{1}{\mu}$，顾客将很满意；

可用 $\dfrac{\frac{1}{\mu}}{W_g}$ 的大小来判断顾客的满意程度和服务质量。

例 9-3-1　某售票处有 3 个窗口，顾客的到达服从泊松过程，$\lambda=0.9$ 人/分钟，售票时间服从负指数分布，平均服务率 $\mu=0.4$ 人/分钟，队形如图 9-3-3 所示。

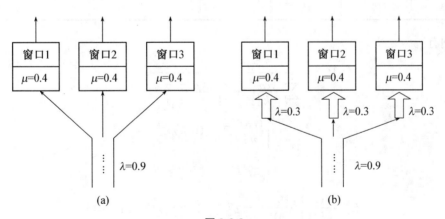

图 9-3-3

这是 $M/M/C$ 系统，其中 $c=3$，$\dfrac{\lambda}{\mu}=2.25$，$\rho=\dfrac{\lambda}{c\mu}=\dfrac{2.25}{3}<1$。

（1）整个售票处完休的概率 $P_0=0.0748$。

（2）平均队列长 $L_q=1.7$，平均队长 $L_s=L_q+\dfrac{\lambda}{\mu}=3.95$。

（3）平均等待时间和逗留时间：$W_q=1.89$ 分钟，$W_s=4.39$ 分钟，顾客到达系统必须

等待的概率 $P(\xi \geqslant 3) = 0.57$。

（4）服务员的劳动强度 $\dfrac{\bar{c}}{c} = \dfrac{\lambda}{c\mu} = \rho = \dfrac{2.25}{3} = 75\%$。

（5）顾客的满意度 $\dfrac{\frac{1}{\mu}}{W_g} \approx 1.323$。

3.2 $M/M/C/N$ 模型（$M/M/C/\infty/\infty/FCFS$）

如图 9-3-4 所示，讨论 $M/M/C/N$ 模型。

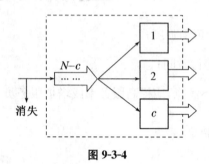

图 9-3-4

设系统在平稳状态时，系统中的顾客数为 ξ，则其分布列见表 9-3-2。

表 9-3-2

ξ	0	1	$\cdots$	n	$\cdots$	N
P	P_0	P_1	$\cdots$	P_n	$\cdots$	P_N

则有

$$P_0 = \dfrac{1}{\displaystyle\sum_{k=0}^{c} \dfrac{(c\rho)^k}{k!} + \dfrac{c^c}{c!} \dfrac{\rho(\rho^c - \rho^N)}{1-\rho}}, \rho \neq 1$$

$$P_n = \begin{cases} \dfrac{(c\rho)^n}{n!} P_0 & (0 \leqslant n \leqslant c) \\[3mm] \dfrac{c^c}{c!} \rho^n P_0 & (c \leqslant n \leqslant N) \end{cases}$$

$$L_q = \dfrac{(c\rho)^c \rho P_0}{c! \, (1-\rho)^2} \left[1 - \rho^{N-c} - (N-c)\rho^{N-c}(1-\rho)\right]$$

$$L_s = L_q + c\rho(1 - P_N)$$

$$W_s = W_q + \dfrac{1}{\mu}, \quad W_q = \dfrac{L_q}{\lambda(1 - P_N)}, \quad \rho = \dfrac{\lambda}{c\mu}$$

特别当 $N = c$ 的情形（即时制），有

$$P_0 = \dfrac{1}{\displaystyle\sum_{k=0}^{c} \dfrac{(c\rho)^k}{k!}}$$

$$P_n = \frac{(c\rho)^n}{n!}P_0 \quad (0 \leqslant n \leqslant c)$$

$P_消$＝一个顾客到达系统而不能进入系统的概率＝P_c

λ_e＝系统的有效到达率＝$\lambda(1-P_c)$

$$L_q = 0, \quad W_s = \frac{1}{\mu}, \quad W_q = 0$$

$$L_s = \sum_{n=1}^{c} nP_n = c\rho(1-P_c) = \overline{c}$$

电话系统、街上的停车场等就是 $M/M/C/N/\infty$ 系统。

例 9-3-2 在某风景区准备建造旅馆,顾客到达为泊松流,每天平均到 6 人(λ),顾客平均逗留时间为 2 天$\left(\frac{1}{\mu}\right)$,试就该旅馆在具有 $1,2,\cdots,8$ 个房间的条件下,分别计算每天客房平均占用数 L_s 及满员概率 P_c。

解:这是一个 $M/M/C/C/\infty$ 系统,$\lambda = 6, \frac{1}{\mu} = 2, c\rho = \frac{\lambda}{\mu} = 12$。

例 9-3-3 电话站有 n 条线路,同时可供 n 对用户进行通话,设用户呼唤流为泊松流,平均到达率为 $\mu = 2$ 次/分钟,试求在系统达到平稳状态后,任一用户电话打不通的概率小于 0.01 时所需的最少线路数 c 以及此时对应的电话站平均占用线路数$\overline{c}$。

解:这是一个 $M/M/C/C/\infty$ 系统,且 $\lambda = 2$ 次/分钟,$\mu = 2$ 次/分钟,从而 $c\rho = 1$,注意到

$$P_{(顾客打不通)} = P_消 = P_c = \frac{1}{c!\left(1 + \frac{1}{1!} + \frac{1}{2!} + \cdots + \frac{1}{c!}\right)}$$

分别以 $c = 1,2,\cdots$ 代入上式,经计算得表 9-3-3。

表 9-3-3

c	1	2	3	4	5
P_c	0.5	0.2	0.062 5	0.015 38	0.003

从上表可知,当 $c = 5$ 时满足条件 $P_{(顾客打不通)} = P_5 < 0.01$,故应取的最少线路为 5 条。此时,相应的平均占用线路数为

$\overline{c} = c\rho(1-P_c) = 1 - P_5 = 0.995 \approx 1$

即在 5 条线路中,忙的平均数仅为 1 条。

任务四 排队论的应用案例

例 9-4-1 某修理店只有一名修理工,来修理的顾客到达过程为泊松流,平均每小时 4 人。修理时间服从负指数分布,平均需要 6 分钟。试求:

(1) 修理店空闲的概率;

(2) 店内有 3 个顾客的概率;

(3) 店内至少有 1 个顾客的概率;

（4）在店内的平均顾客数；

（5）等待服务的平均顾客数。

解：本例可以看作是一个标准的 $M/M/1$ 模型，$\lambda = 4$ 人/小时，$\mu = \dfrac{1}{6}$ 人/分钟 $= 10$ 人/小时，$\rho = \dfrac{\lambda}{\mu} = \dfrac{2}{5}$。

（1）修理店空闲的概率 $P_0 = 1 - \rho = 1 - \dfrac{2}{5} = \dfrac{3}{5} = 0.6$

（2）店内有 3 个顾客的概率 $P_3 = \rho^3(1-\rho) = \left(\dfrac{2}{5}\right)^3 \left(1 - \dfrac{2}{5}\right) = 0.038$

（3）店内至少有 1 个顾客的概率 $= 1 - P_0 = \rho = \dfrac{2}{5} = 0.4$

（4）在店内的平均顾客数 $L_S = \dfrac{\rho}{1-\rho} = \dfrac{\dfrac{2}{5}}{1 - \dfrac{2}{5}} = \dfrac{2}{3} = 0.67$（人/小时）

（5）等待服务的平均顾客数 $L_q = L_S - \rho = \dfrac{2}{3} - \dfrac{2}{5} = \dfrac{4}{15} = 0.267$（人/小时）

例 9-4-2 汽车平均以每 5 分钟一辆的到达率去某加油站加油。到达过程为泊松过程，该加油站只有一台加油设备。加油时间服从负指数分布，且平均需要 4 分钟。求：

（1）加油站内平均汽车数；

（2）每辆汽车平均等待加油的时间；

（3）汽车等待加油时间超过 2 分钟的概率。

解：此为 $M/M/1$ 模型，已知 $\lambda = 0.2$，$\mu = 0.25$，$\rho = \dfrac{\lambda}{\mu} = 0.8$。

（1）加油站内平均汽车数 $L_s = \dfrac{\rho}{1-\rho} = \dfrac{0.8}{1-0.8} = 4$（辆）

（2）平均等待加油时间 $W_q = \dfrac{\rho}{\mu(1-\rho)} = \dfrac{0.8}{0.25 \times (1-0.8)} = 16$（分钟）

（3）汽车等待时间超过 2 分钟的概率

$$P(W \geqslant 2) = \int_2^{+\infty} \rho(\mu - \lambda)e^{-(\mu-\lambda)t}dt = -\rho \times e^{-(\mu-\lambda)t}\Big|_2^{+\infty}$$
$$= -0.8 \times e^{-(0.25-0.2)\times 2} = 0.72$$

例 9-4-3 某理发店只有一名理发师，平均每 20 分钟到达一名顾客，为每名顾客理发的时间平均为 15 分钟，到达间隔及理发时间均服从指数分布。理发店有 3 张等候的座椅，等候座椅坐满时新到达的顾客将离开。求系统的各项指标。

解：有 $S=1$，$K=4$，$\lambda = 3$ 人/小时，$\mu = 4$ 人/小时，$\rho = \dfrac{\lambda}{\mu} = \dfrac{3}{4} = 0.75$。

顾客损失率 $P_K = \dfrac{1-\rho}{1-\rho^{K+1}} \cdot \rho^K = \dfrac{1-0.75}{1-0.75^5} \times 0.75^4 = 0.103\,7$

平均有效到达率 $\lambda_{\text{eff}} = \lambda(1-P_K) = 3 \times (1-0.103\,7) = 2.688\,9$（人/小时）

繁忙率 $\rho_{\text{eff}} = \dfrac{\lambda_{\text{eff}}}{\mu} = \dfrac{2.689}{4} = 0.672\ 2$

空闲率 $= 1 - \rho_{\text{eff}} = 1 - 0.672\ 2 = 0.327\ 8$

平均顾客数 $L_s = \dfrac{\rho}{1-\rho} - \dfrac{(K+1)\rho^{K+1}}{1-\rho^{K+1}} = \dfrac{1-0.75}{0.75} - \dfrac{5 \times 0.75^5}{1-0.75^5} = 1.444\ 3$（人）

平均队长 $L_q = L_s - \rho_{\text{eff}} = 1.444\ 3 - 0.672\ 2 = 0.772\ 1$（人）

平均逗留时间 $W_s = \dfrac{L_s}{\lambda_{\text{eff}}} = \dfrac{1.444\ 3}{2.688\ 9} = 0.537\ 1$ 小时 $= 32.2$（分钟）

平均等待时间 $W_q = \dfrac{L_q}{\lambda_{\text{eff}}} = \dfrac{0.772\ 1}{2.688\ 9} = 0.287\ 1$ 小时 $= 17.2$（分钟）

任务五　排队论的应用练习

1. 排队系统有 2 个服务台，每个服务台的平均服务时间均为 15 分钟，服从指数分布，顾客按泊松流到达，平均每小时到达 6 人。求：

（1）系统的各项指标；

（2）顾客达到时需等待的概率；

（3）顾客逗留时间超过 1 小时的概率。

2. 某汽车修理店老板自己一个人负责修车。店前可停放 2 辆待修理车辆，多余车辆只能离开。车辆平均到达率为 1.5 辆/小时，每辆车的平均修理时间为 30 分钟，求系统的各项指标。

3. 上题中，因停车位有限损失了不少顾客，经与城管部门协商，修车店老板以每月 1 000 元另获得了 2 个停车位。修车店每月开店时间约为 200 小时，每修一辆车的平均盈利为 40 元。问这一做法是否合算。

参考文献

[1]《运筹学》教材编写组. 运筹学(第 4 版)[M]. 北京:清华大学出版社,2012.

[2] 何坚勇. 运筹学基础(第 2 版)[M]. 北京:清华大学出版社,2008.

[3] 曾立雄. 物流运筹技术与方法[M]. 北京:人民交通出版社,2007.

[4] 林齐宁. 运筹学教程[M]. 北京:清华大学出版社.2011.

[5] 关文忠,韩宇鑫. 管理运筹学(第 2 版)[M]. 北京:北京大学出版社,2011.

[6] 张慧颖. 物流运筹技术[M]. 西安:西北工业大学出版社,2011.

[7] 胡运权. 运筹学基础及应用[M]. 哈尔滨:哈尔滨工业大学出版社,2013.

[8] 韩伯棠. 管理运筹学[M]. 北京:高等教育出版社,2010.

[9] 韩伯棠. 管理运筹学(第 3 版)习题集[M]. 北京:高等教育出版社,2010.

[10] 董肇君. 系统工程与运筹学(第 3 版)[M]. 北京:国防工业出版社,2011.

[11] 周晓光. 应用运筹学(第三版)[M]. 北京:经济管理出版社,2013.

[12] 周华任. 运筹学解题指导(第 2 版)[M]. 北京:清华大学出版社,2013.

[13] 韩中庚. 实用运筹学模型. 方法与计算[M]. 北京:清华大学出版社,2007.

[14] [美]哈姆迪·A. 塔哈. 运筹学导论(第 9 版·基础篇)[M]. 刘德刚,译. 北京:中国人民大学出版社,2014.

[15] 希利尔. 运筹学导论(第 10 版)[M]. 北京:清华大学出版社,2015.

[16] 彭秀兰,毛磊. 物流运筹方法与工具[M]. 北京:机械工业出版社,2013.

[17] 徐辉,张延飞. 管理运筹学[M]. 上海:同济大学出版社,2011.

[18] 徐玖平. 运筹学——数据·模型·决策(第二版)[M]. 北京:科学出版社,2015.